敢去大陸上班嗎？

邱文仁中國職場觀察
贏在兩岸就業起跑點

邱文仁 著

變局下的玩家

在大陸兩年，除了寫公司的企劃案之外，我停止撰寫所有專欄及出書。這陣子，坐在台北書桌前寫稿，讓我開始有重溫舊夢的感覺。

只是該從什麼事情開始談起呢？

我想，先來談談「變化」好了。

因為我發現，這幾年，身邊許多朋友們都歷經了一場人生的重大轉折。以上次聚會為例，我們三位，都是十五年前一起進入人力銀行的「同梯戰友」，長年密切的共事，讓我們有著無比深厚的革命情感。其中：

我，這幾年歷經不同行業做行銷工作，後來，西進大陸，轉戰陸資企業工作，頂頭上司是一位年紀小我八歲的北京人，變化不可謂不大啊！

小玉，本是網頁設計師，現在是皮雕工藝老師。

小麗，在當設計師時就考插大法學院，現在，在海關當公務員，還準備考律師……

感覺起來，大家都有相當精采的人生轉折故事可以分享啊！

「變化」早已不是特例

其實，因為在大陸上臉書必須翻牆，所以我有大約兩年的時間索性不上臉書。回台灣後，一上臉書瞧瞧，竟然發現，只不過兩年沒注意朋友的動向，大夥兒的變化都好大。有人四十幾歲生了第一胎，有人則是可以嫁第三次，甚至有人因為罹癌過世了，更有人乾脆離開軍職，改行當起婚紗攝影師。

但即便話說至此，我還是想說一句，自己這幾年在大陸親眼所見的變動，其實更驚人！

回想起在陸企的這段日子，我深深體會到人與事的「高速變化」。由於是在陸資知名電商服務，親眼目睹公司一年內，有高達七成的生意從 PC 端（客戶在電腦下單）轉移到

變　局　下　的　玩　家

移動端（從手機下單），除了驚嘆於大陸「移動互聯網」的奮起，也讓我目睹了人類交易行為的巨大改變，確實是可以在一瞬間便發生的！

而我服務的這間公司，幾乎是每三個月就會來一次重大的策略變動及佈局，例如我的北京老闆，一下子要主攻三線城市，一下子要轉打「90後」消費族群，一下子要把營運重心放在手機端，一下子又要搞眾籌[1]，一下子產品要跟上韓劇「來自星星的你」，一下子則要開設分公司，而分公司則在開了幾個月之後發現苗頭不對馬上收掉……！看似外表斯文的老闆，總在下決定時顯得特別勇猛果斷（也可說相當草莽或敢衝）。

不過，在中國大陸，敢衝的絕對不只是資源豐富的企業高層而已！就算是基層員工，也隨時都有存到第一桶金就離職出去創業的例子，身邊就有好多同事在創業幾個月後錢燒光了，還是選擇回來上班……這些事可說天天在發生，一點也不奇怪。

在陸資企業裡，人事及任務的調動，其實是非常稀鬆平常的事。比起台灣，大陸員工對公司是不講忠誠度的；而老

闆，也不像台灣老闆會用「人情」來吸引員工。大陸的勞資雙方都屬「向利益看齊」的一群，而如果老闆重視你，不只口頭褒獎，加薪升職也會特別快。然而若高層戰略方向變了，立馬調整你的工作內容與位階，這也是十分平常的事。而我在看多了之後，竟也漸漸覺得這種邏輯倒也蠻乾脆的。

凡事請從「理解」出發

我比較佩服的是，大陸同事對於職場上的巨大變化，都表現得非常淡定，特別是具備競爭力的那些人。在組織變化中，他們就算是被動地被調整、有損失，即使心中可能有情緒，但行為舉止卻絕對保持非常高的成熟度。他們會去評估對自己最有利的方案，進而擺出最好的態勢。

（當然上班族有強有弱，弱的在此先不提！）在大陸職場，那些具備競爭力的強者，最怕的是趕不上時代的新浪潮；最擔心的，是無法順勢迎上眼前的機會，於是，他們總是積極地追趕新知識、勇於嘗試新的工具應用，緊緊抓住可獲取的資源，對工作認真的態度，更絲毫不亞於台灣的年輕

變　局　下　的　玩　家

一代。

　　而據我的觀察來看，他們做人跟做事比重拿捏自如，即使年輕，但是對於公司的派系鬥爭卻也相當敏感，也就是說，在職場中，他們表現沉著，鮮少出現天真及白目的行為，有著一份超齡的成熟。也由於擁有這樣的功力，於是，他們對於職場詭譎「變化」這件事，自然更有身段及彈性去因應，即使遭逢變局，卻總也有辦法抓住下一個機會，每個人均可說是「變局下的玩家」。

　　說起我在大陸這兩年的一個重要的學習，就是必須更加「擁抱變化」！我時時提醒自己，縱然大環境劇烈變化早已由不得我們安土重遷，但也要從中找到出路！最重要的是，保持樂觀的心態及學習動能，找出自己更大的潛力及找到更大的發揮空間。

　　如果你對大陸職場很好奇，我建議你看看這本書，因為這是我在大陸第一手的近身觀察。如果你未來打算投身大陸職場試試身手，我則會建議你一定要了解大陸人的思維及心態，在與對方交手、互動時方才不致出現不必要的氣憤及無力感。雖然大陸職場詭譎多變，但這未嘗不是一個風起雲湧

的大好時機點，試著從「理解」出發，將有助於你成功投身
大陸職場。

邱文仁

---

1 眾籌（crowd funding），運用「團購＋預購」的形式，向公眾募集
  項目資金。利用互聯網和 SNS 傳播特性，向公眾展示創意，爭取
  關注和支持，進而獲得所需要的資金援助。

contents
目錄

C

HAPTER 1

企業、老闆
與員工

對照台灣小確幸，
中國狼性就是「貪」！

野、殘、貪、暴正是狼性，體現在工作、事業上就是要有「貪念」，務求不斷地拚搏、探索。

　　2014 年，台灣人投身大陸職場的人數，已經高達兩百萬人次以上。而台灣的媒體，雖然也高頻度的用大篇幅來報導、解讀對岸的現況，但我到了大陸兩年，深入大陸職場環境後，我發現，台灣人對大陸職場的瞭解，還是很有限！我建議在解讀媒體資訊時，可以再想深一點，才不至於有誤判的可能。

　　例如，大陸人的「狼性」，是台灣的媒體經常提到的用詞，然後再用來對比台灣人敦厚性格，像隻「羊」。

　　如果光從想像「狼與羊」同在一個畫面這件事來看，你可能會覺得大陸的職場實在很可怕，進而生了畏懼之心！也

敢 去 大 陸 上 班 嗎 ？

是因為這種原因，很多朋友對於我一個女性就這樣一個人跑到對岸去工作，又並非是在台灣已經有什麼大公司，給了多少資源和保護，就這麼單槍匹馬地闖入中國大陸的就業市場，大夥兒紛紛感到不可思議！朋友們說，以我這麼斯文客氣的性格，豈不是「羊入虎口」或「羊入狼口」了？

但深入大陸職場後，我感覺，大陸人的「狼性」並不可怕，可怕的是以訛傳訛，只知其然，不知所以然。我建議，台灣年輕一代，不妨可以多瞭解大陸的狼性文化，從中瞭解未來在職場上，將會與你交手的大陸新新人類的思維，趕在面對不同的環境及對手前，先將自己的手段及態度調整到最佳狀態！

真的不必光看字面及媒體報導，就先自己嚇自己了！那麼，我們先從正確了解「狼性文化」這個詞開始吧！

根據大陸「百度百科」中的釋義，所謂的「狼性文化」，指的是企業文化中一枝獨秀的創舉，是一種帶著野性的拚搏精神。根據大陸「百度百科」上的說法：

「狼其性也：野、殘、貪、暴。都應在團隊文化中得以

企 業 、 老 闆 與 員 工

再現，那就是對工作、對事業要有『貪性』，永無止境地去拚搏、探索。狼者，猛獸也，群動之族。陸地上生物最高的食物鏈終結者之一，是群居動物中最有秩序、紀律的族群。」

換言之，所謂「狼性」就是哪裡有肉，哪怕隔再遠你也能嗅聞到，而一旦嗅到肉味就會奮不顧身，勇往直前。因為狼的積極和狠勁兒，也讓人心生畏懼！若套用在職場上，「狼性文化」就是一種「重視團隊合作」，並且具有「不放棄的執著」，以及「勇於克服困難」等特質的「企業文化」！

狼性薰陶下的大陸 70、80、90 後

因此，企業如果要求掌握趨勢，得到大發展，就必須擁有一批狼性的員工。狼的特性有三：（一）敏銳的嗅覺，（二）不屈不撓、奮不顧身的進攻精神，（三）群體奮鬥的意識。

這是什麼概念呢？

首先，狼「嗅覺敏銳」，善於捕捉機會。（這是指商場的敏銳度）

在大草原上，狼似乎無時無刻不在注視著牠們的目標：羊或羊群，牠們窺視著羊的活動，或是牧羊者的狀況，一有機會，馬上出擊。

而比擬於商界，從行業發展到訂定戰略，從價格變動到競爭者動態，成功的商人，必須具備這種「嗅覺」，並且「眼觀六路，耳聽八方」。

其次，狼具有「進取心」和「攻擊性」，且「不輕言失敗」。話說狼群襲擊落單的羊時，多半就是死死咬住，且絕不輕易放棄。而且狼並不是咬死一隻羊飽腹而已，牠們的習慣是：在最短的時間裡，能放倒多少隻就放倒多少隻羊。

這種極富攻擊性、執著的精神，確實也反映了許多大陸的企業為求生存而拼命的心態。

最後，是「團隊精神」。狼很少單獨出沒，牠們總是團隊作戰，所以才有「猛虎還怕群狼」的說法。而套用在競爭日益激烈的職場中，團隊精神的威力愈受重視，這也是中國企業尊崇「狼性文化」的另一個緣由。

如果你理解了「狼性文化」的真正意義，你就會知道，這是為了事業目標鍥而不捨、奮力拚搏的「精神」。而處在

性格篇
Personality
▼

企　業　、　老　闆　與　員　工

「狼性文化」薰陶下的大陸中堅份子或年輕一代，自然會養成進取心和攻擊性的工作態度，而且不輕言失敗。

其實，要在職場和商場中獲取成功，放手一搏、目光敏銳、面對難關但求努力攻克……上述幾項是放諸四海皆準的致勝配方，也是他們衷心推崇的企業精神。（上述資料參考「百度百科」內容）

台灣年輕人若能了解這一點，在與他們交手時也以更勇敢的姿態應對，我相信肯定也能激發出屬於自己的「狼性」精神。

要嘛變成狼吃羊，要嘛變成羊被吞

我剛到陸資企業上班時，一開始，自是秉持我一貫客氣有禮的台灣態度與同事們應對，的確，我被大夥兒認為是很有氣質的女同事。不過，職場禮儀或許不可少，待人以禮這個習慣我也不願意改變，但在工作上、管理上，卻也一定要有所堅持、要求與魄力，否則實在很難駕馭這一群狼……。

還記得在我到職後不久，我的頂頭上司曾經寄了一封

e-mail 給我，勉勵我要更加要求部屬，內容是：

1. 對你有嚴格要求的領導，才是能真正幫助你成長的好領導，使我痛苦者，必使我強大！

2. 任何強大公司都不會給下屬安全感，用最殘忍方式激發每個人變得強大，自強不息！

3. 舉凡設法給下屬安全感的公司都會毀滅的，因為在溫順的環境中，再強大的人也會失去狼性！

4. 凡事想方設法逼出員工能力，開發員工潛力的公司都會生生不息，因為在這種環境下，要嘛變成狼，要嘛就是被狼吃掉！

5. 最不給員工安全感的公司，其實才是真正給了他們安全感，因為這樣的環境逼出了他們的強大、成長，讓他們因此有了未來！

6. 你若真的愛你的下屬，就請考核他、要求他，透過高要求，高目標，高標準，迫使他成長！

7. 若你礙於情面，只肯設立低目標、低要求，用低標準養一群小綿羊、老油條或小白兔，那麼這是上司對下屬最不負責任的做法！這只會助長他們的任性、嫉妒和懶惰。

從此可知，「狼性文化」就是大陸企業推崇的觀念，依照我在大陸企業近身的觀察下，「狼性」並沒有不好，這其實正是大陸企業發展的動力。也是個人尋求大發展的基本個性。既然處於大時代的發展洪流，何不放手一拚？

　　相較於台灣人所推崇的「小確幸」，哪一種個性會比較容易有較大格局的發展？自不待我多言了！

> 　　「狼性文化」的真正意義，是為了事業目標鍥而不捨、奮力拚搏的「精神」。而處在「狼性文化」薰陶下的大陸中堅份子或年輕一代，擁有進取心和攻擊性的工作態度，而且不輕言失敗。台灣年輕人若能了解這一點，在與大陸人交手時，以更勇敢的姿態應對，我相信肯定也能激發出屬於自己的「狼性」精神。

百轉千迴的心眼，
話說「*表面*」工夫。

大陸人非常重視「門面」，做足「表面功夫」的目的無非是為了得到更
多資源，不做還不行。

　　我在大陸上班的公司座落於「南湖科技園區」。雖說「科技園區」聽起來頗為大器磅礡，但是由於招商不是很成功，很多大樓長期都處在閒置的狀態……。

　　還記得某一天，聽說浙江省的一位官員下周要來訪，這當中也不過是短短一周的時間，那些閒置已久的空房子，竟然都紛紛掛上建設銀行、江南超市、XX飯館……的「招牌」，雖然裡面沒有一間是真的在營業，不過若上級領導的車隊只是經過，那麼肯定也會覺得這個「科技園區」確實經營得有聲有色！而話說我們公司行政部門的實力也不惶多讓，竟也在一天之內將整個公司的「發展走廊」成功布置起來，轉瞬

性格篇
Personality
▼

企　業　、　老　闆　與　員　工

間，公司的門面頓時就「高端、大器、上檔次」起來！

因為在台灣幾乎不會發生這種事情，所以在看到大陸人為了應付上級來訪時所做的「表面功夫」，這些行為著實讓我驚嘆不已，不過，經過幾次的歷練後，我也就慢慢理解了。

大陸人非常重視「表面功夫」，而做足「表面功夫」，往往是為了得到更多的資源，不做還不行。

再以我工作的「南湖科技園區」為例。

如果上級領導看到「科技園區」搞了那麼久還是這般冷清模樣，請問，還會繼續提撥資源嗎？而負責的地方官員也肯定免不了會受到譴責。再者，資源若就此沒了，整個園區的發展豈不是更沒希望？！所以，搞了這麼多表面功夫，無非就是爭取更多的資源挹注。

如果以這個出發點來說，做足「表面功夫」也是情有可原。企業也是如此。

以故事鋪陳期待，吸引投資方加碼

我一個在上海外資企業酒商工作的朋友告訴我，他們公

司在上海已經狠虧了十年，不過即便如此，母公司還在繼續燒錢，毫不手軟。我很好奇地問他：分公司主管究竟是如何說服總公司繼續撥預算支持他們？他給我的答案是：每年，對總公司老闆，說「新的故事」，給他們「新的期待！」

中國大陸最明顯的特點就是「市場大」，加上經濟發展迅速，於是乎，「市場大」這件事的確給了許多投資者極大的期待及想像力，因此只要言之有物，不斷提出新點子，讓投資方願意繼續期待，那麼，公司就有繼續生存的機會。

而「說新的故事」、「給新的期待」也是一種表面功夫，能否實現倒是另外一回事！重點是要讓關鍵方「先相信你」。

現在，在大陸的互聯網企業，就有很多意想不到的「新商業模式」及「新商品」不斷出現，可能光是一個概念，就可以吸引到不少投資方的資源，重點是這個概念夠不夠吸引人，是否可以打動投資方。例如，2015 年三月，前央視記者柴靜的震撼調查《穹頂之下》一問世，這部紀錄片便有如一顆重磅炸彈投入大海一般激起千重浪，民眾開始關注霧霾問題，甚至出現前所未有的熱議。

而在柴靜的霧霾調查紀錄片中，有不少霧霾對健康的危

企 業 、 老 闆 與 員 工

害、霧霾與癌症及其他疾病的關係等內容，其中很明顯地說明了霧霾可以導致肺癌、心血管病等，引起不少網友擔憂。

以這個新聞熱點來說，立即就有人發明了具有特殊效果的空氣清淨器，以「說故事」的方式，贏得消費者及投資者的認同！「表面上」看起來，特殊效果的空氣清淨器一推出，銷售成績紅紅火火的。(不過，據我私下獲得的消息，該項產品最後也因為質量不佳造成大規模退貨，這是後話，先跳過不提！)

我想表達的是，「表面功夫」不是唯一的重點，卻也為大家帶來了第一次的機會。後續能否繼續發展下去，往往需要實質面的支撐。

隨時妝點個人門面，引發關注

這樣的情況小至個人也是如此。

在嘉興時，我的部門不大，只有十來個人。不過，除了我之外，幾乎是人人都有車，而且大部分還是進口的名牌車。可別以為他們已經有很長的工作年資、薪水多多，他們其實

全是只有二十幾歲，薪水有限的年輕人。

　　以我的部門為例，這些同事平日開的車是父母買的，而且可能還是全家唯一的一部車。以我部門那位年僅二十三歲的小妹妹為例，家境真的比較好，所以她開的是全新的白色BMW，而她的月薪只有人民幣三千元（約合新台幣一萬五千元）。

　　試想，如果是家境小康的門第，為什麼能開一部進口車來上班？我想，第一個原因是家長寵著。

　　大陸自從實施一胎化後，獨生子女變成全家人的心肝寶貝，他們不只有爸媽疼愛，就連爺爺奶奶、外公外婆也都爭相寵著！於是，好的資源自然就落在他們身上，而開部好車來上班，自然也是一種撐起場面的「包裝」。就像我們公司九個總監裡，最年輕的兩位都開BMW，行頭上更是不能輸人。

　　在服裝上，大陸的同事如果身穿名牌，那一身行頭肯定是要讓人注意到的，就像台灣二十幾年前一樣，大大的名牌LOGO掛在身上，著實醒目！

　　而相較於台灣，中國大陸的職場其實是更加「現實」、

「勢利」的地方！所以，用精品、開好車，的確會引發更多的關注及重視，也就是「說服力」會增加。雖然台灣人對這個觀點不見得認同，但我還是要提醒大家，隨著環境不同，行為舉止勢必得要跟著調整。

更重要的是，不要因為他們和你觀念不同就心生嫌隙，請盡量以對方的角度來看待全局，這將有助於你融入當地文化，盡快掌握比較有效的做事方式。

　　在大陸，「表面功夫」不是唯一的重點，卻也為大家帶來了第一次的機會。後續能否繼續發展下去，往往需要實質面的支撐。台灣人不要因為他們和你觀念不同，就心生嫌隙，請盡量以對方的角度來看待全局，這將有助於你融入當地文化，盡快掌握比較有效的做事方式。

既剛強又溫柔，
中國大陸的新女力。

工作時拋開性別包袱，閒暇時找回溫柔特質，這就是中國新一代的女力特質，超牛Ｂ！

　　2014 年底，因為要把公司銷售的商品推廣到校園，以 Ｏ２Ｏ(互聯網線上加線下實體) 的方式打造知名度，我們公司贊助了一個「大篷車」的巡演活動，並在其中置入了廣告、發送宣傳品及 QR CODE、舉辦微信加粉等活動。身為市場部的主管，我跟著大篷車的腳步，在寒冬裡跑遍了武漢、南京、杭州、上海、北京、廈門等幾個城市，總計共十七所大學。

　　這個「大篷車」的老闆張玲，二十七歲，她以「演藝經紀類」的公關公司型態創業已有四年時間，是杭州某大學的創業楷模，我曾經看過她 PO 在微信的獎盃獎狀，覺得她年

紀輕輕的便勇於挑戰演藝經紀事業，心裡著實佩服。

張玲創業四年後，身價如何我不清楚，但我至少可從她擁有這台價值不斐的大篷車來看，判斷應該不會太少的。

張玲的大篷車很大，平日可以載著藝人到處巡演，停下來展開後，就又搖身一變成為一個搖滾舞台，輕鬆省去搭建舞台的成本。

大篷車東奔西跑，感覺有點像台灣的電子花車，只是車子大設備也多，路程也非常遙遠，認真地說，實在不輕鬆。就像這一次的校園巡迴活動，南邊直達廈門，北部則來到北京，路程之遙遠，可見一般。

我想，上了這台大篷車表演的新人，若非內心抱持著夢想，又怎堪這東奔西跑的折騰？

跟著大篷車表演的五個年輕人告訴我，即便一開始是跟著這台車東奔西跑，酬勞也不多，但只要努力了，也許有一天就能成為一位超級巨星，何況巡演期間還可以上媒體宣傳，何樂而不為！就在這時，我從這幾位年輕朋友的眼睛中，看到了夢想的光芒……！

瞬間移動力，為達目的毫不畏苦

其實在大陸，這個大篷車巡演的「概念」，也開始逐漸受到支持及參與。

那次，我們贊助的金額不算高，主要是因為參與這個表演團體的五個年輕人知名度並不高。而且，巡演期正好落在十一月、十二月，天氣也蠻冷的，讓我對於是否會有很多人共同參與這個戶外巡演，信心並不大。

倒是張玲的商業模式，一方面走校園巡演，藉此打響這個簽約團體的知名度，提升他們的商業價值（我覺得這非常實際）。

另一方面，因為跟學校談場地及宣傳、費用等雜事，對於我們這種想前進校園卻又沒有人手可做為洽談窗口的公司而言很麻煩，於是，透過他們邀請廠商贊助的方式，讓廠商得以借力使力前進校園推廣，如此說來的確是蠻互利的。

所以，張玲便開始透過將近三家公司的贊助，成功地把巡演成本通通賺回來了。在雙方剛開始開會時，包括張玲在內的三個女生，年紀皆不過二十幾歲，但卻毫不怕生地從杭

性格篇
Personality
▼

州跑來上海開會，洽談雙方的權利及義務。加上為了省錢，他們竟然都是當天來回，這在大陸人眼裡，花上幾個鐘頭在路上，不遠，很值得。後來我回想她們跟我們三次開會，竟然都沒有停留，移動力實在有夠強的。

這三個女生，一個是做決定的老闆張玲，一個是照顧藝人的「邵子」，一個是和客戶溝通的窗口「錢多多」。老闆張玲年紀最大，今年二十七歲，已婚但還沒有小孩。講話音量不大卻非常有力量，給人的感覺就是充滿決斷力，思路相當清楚。而在跟我們談判的過程中，她習慣一遭遇問題便立馬解決，毫不拖泥帶水，渾身帶著女強人的風範。

至於「邵子」則是說話很溫柔，因為擔任廠商跟藝人方面的溝通橋樑，所以協調性及人緣很好，是個極富親和力的女生。

工作之餘不忘娛樂，張馳有度

最後則是「錢多多」，這名年僅二十三歲的小女生，一路上，就屬她跟我們的互動最多，她是老闆張玲的學妹，

因為仰慕創業楷模的學姊，所以大學一畢業就加入團隊一起奮鬥。

我對她最深的印象是她處理事情「有條不紊」的態度。在跟客戶交涉的過程中，她的說話態度總讓人無法苛責、拒絕。我甚至覺得，在處理公事上，她有著一份超齡的成熟。

例如，辦在武漢某大學的第一場活動，因為線路的問題，視頻無法順利播出，加上因為天黑得太快，人形立牌上的 QR CODE 都很難掃描，進而無法達成贊助廠商要求的 KPI。以及在南京舉辦的第一場活動前一天，大篷車在高速公路上被警察阻擋無法進城，錢多多交涉到傍晚才放行；還有，大篷車壓破了杭州某學校的地磚，搞得學校差一點不願讓他們進場表演；或是，在北京遇到大風雪，臨時要換場地……等等，上述這些困難竟然都是靠這個小女生一一協調克服。

這次大篷車巡演一路上遇到的困難，連我這個工作了十幾年的老鳥都覺得很棘手，但是令我訝異的是，我在錢多多身上看到了「沉著」。就連我們針對無法達到 KPI 的補救方案，臨時開會檢討時，她也不卑不亢地加入討論，直到大家

企　業　、　老　闆　與　員　工

凝聚出滿意的共識為止。

最近在微信的朋友圈上，我看到錢多多 PO 出了辛曉琪、A-LIN 的巡演活動，感覺她似乎又更上一層樓了。而據我側面了解，她在工作之餘喜歡做甜點，並且經常把做好的蛋糕放在微信上展示，感覺非常賢慧。對於這種工作能力及女人味同時展示的特質，我只能說，大陸這些年輕的女生，真是好樣的！

工作時拋開性別包袱，閒暇時找回溫柔特質，這就是中國新一代的女力特質，超牛 B ！

巡演一路上遇到的困難，連我這個工作了十幾年老鳥都覺得棘手，但令我訝異的是，二十幾歲的她們遇到困難卻「超齡的沉著」。針對無法達到 KPI 的補救方案，開會檢討時，她們的態度不卑不亢，理性溝通直到大家達到滿意的共識！到底是什麼環境可以培養出這些有勇有謀的年輕女子呢？我真的很好奇！

就是幹活……，
自抬身價的精明算計。

身價是成功談判的包裝術，如何引人入局？「面子」自是重要關鍵之一！

　　我在嘉興住的「巴黎都市」小區，地方大，環境優美，光是入口的凱旋門看起來就十分氣派。也因為這裡是當地著名的好宅區，所以每天我總會看到很多名車來來往往的，看久了，有時自己都會懷疑是不是住在香港的半山區呢！

　　寫到這邊，倒是讓我想起當時住的那一棟樓的地下室停車場，曾經停了一部藍寶堅尼（Lamborghini），擺了好幾個月都沒人開走，實在奇怪。

　　話說回來，關於搭乘豪華名車，我個人在大陸倒是曾有過兩次蠻有趣的經驗。

　　一次是在福州。當時，福州海西特區某家人力銀行，

三十八歲的女總裁，經台灣朋友推薦，想要聘請我去當她們福州公司總經理。她先買了一張機票招待我前去福州看看，並且充當地陪，開著她的賓士轎車帶著我到處走走逛逛。

回想起那輛賓士轎車，顏色很特別，略帶金黃巧克力的色澤。我問她怎麼找得到這麼特別的顏色？她淡淡地說，這是德國訂製款，大概花了約 100 萬人民幣（約合新台幣 500 萬元）。不過這倒不打緊，因為在大陸，舶來品本就特別貴，讓我徹底感到驚訝的是她路邊亂停車的習慣。

照理說，花了 100 萬人民幣，等了好久才到手的名車，因為珍貴，所以車主想必都會視若珍寶。不過，好幾次，她載我去某些地方，例如電視台、廟宇甚至餐廳，她卻幾乎都是隨意亂停在路邊，這樣的舉動讓我好生驚訝！我私下甚至偷偷猜測，把這麼名貴的車隨意亂停，是車主毫無危機意識呢，還是故意以「不在意的姿態」來擺闊呢？說實話，我真的不清楚！

後來，我沒有接受那家公司的邀請，還是選擇留在台灣上班。

看似豪氣闊綽，實則錙銖必較

幾年後，我還是前往大陸的互聯網公司上班。而公司總裁，開的是德國名車奧迪。

某個周六休假日，他邀我去看當地順豐快遞的「嘿店」，這可是大陸互聯網 O2O 的經典案例。

當時，我們公司跟順豐「嘿店」有許多合作，下午四點到了，他用「微信」呼叫我下樓。待我下樓後，觸目所及竟是一輛非常漂亮的法拉利，我萬萬沒想到，帥氣年輕的總裁，當天竟然是開著一輛好漂亮的法拉利來載我。

待我坐進車內，內裝果然非同小可，尤其是以木頭裝飾的面板非常美，整輛車子的皮椅，皮味濃郁，感覺就是一部新車。這些林林總總的感覺加起來，讓我頭一次深切體悟到「我根本就是坐在一棟與房子等值的名車裡」。

我還能怎麼形容呢？

路上，他一派輕鬆地表示，因為好友要換更名貴的法拉利，所以把車子借給他開幾天。他開了音響，音響非常棒。我敢說，這是這一輩子我坐過最棒的車。據說要價是 160 萬

人民幣（約合新台幣 800 萬元左右）。

後來，我們去巡視了順豐「嘿店」，並將公司產品的廣告拍下來存檔，然後，他提議一起去吃熱炒。於是，我們總裁就開著法拉利名車來到亂糟糟的鬧區，類似台灣夜市的那種地方，去了一家很好吃的熱炒店。

好玩的是，令我驚訝的影像多年後又再次重現了……！

我們總裁跟之前那位福州某家人力銀行的女總裁一樣，也是順手便把這輛名貴轎車，豪放地斜斜停在路邊。一旁還陪襯著其他也是亂停的腳踏車及電動車。（當時真該把這畫面拍下來，超後悔！）

我覺得這個畫面實在很有趣！

下了車，我們走進熱炒店，兩個人總共叫了四盤菜，還點了王老吉和加州寶來佐餐。

結帳時，大約是 100 塊錢人民幣（約合新台幣 500 元）。

然後，我們坐著 160 萬人民幣的法拉利揚長而去。

我覺得，大陸的朋友習慣透過對名牌精品的不在乎，以此展現他們的豪氣給人瞧瞧，而那種感覺給人的觀感通常就是：「你看，這麼貴的車，我一樣亂停，我不在乎！」

這是否正是用來顯示他們的經濟實力或地位的一種宣言呢？！

引人入局必要橋段，自抬身價已成趨勢

不過說真格的，在中國大陸，路上看到名牌進口車的頻率確實出奇的高。就像公司高管通常是開 Audi，你只消在上海市區路邊站一下，每五分鐘肯定可以看到十幾部經過吧！

雖然不便宜，我覺得已經不算好車。而我們公司兩位不到三十歲的總監，開 BMW 上班（我認為是顯示他們的經濟實力及位階），因為其他年紀大的高管倒也沒有開更好的車。在我居住的三線城市小區，門口經常見到賓士、藍寶堅尼、BMW、Land Rover 等等，雖然我住的地方房租並沒有特別貴。

不過，以我的觀察，開名車的人，雖然有著炫耀自己的心態，不過，平日他們也未必是出手大方、捨得花錢的人，有時，情況往往還可能剛好相反。在中國大陸，尤其是大城市，「面子」是非常重要的！外表看來也許很豪氣，但是，

他們私下可能反而是非常精明、會計算甚至是小氣的人。這些人實際上並不一定會給你帶來什麼好處，有時反而會超出你所能想像的斤斤計較！抑或是，開著好車上街只是為了在見人時能夠擁有抬高身價及談判的籌碼，又或許只是用來「吸引人入局」，開啟談判的一個包裝手段。

　　有關這一點，台灣人過去中國大陸工作時，可千萬一定要明白他們的風格。

　　在大陸，尤其是大城市，「面子」是非常重要的！有些人外表看來也許很豪氣，但是，他們私下可能反而是非常精明、會計算甚至是小氣的人。這些人實際上並不一定會給你帶來什麼好處，有時反而會超出你所能想像的斤斤計較！

　　或是，開著好車上街只是為了在見人時能夠擁有抬高身價及談判的籌碼，又或許只是用來「吸引人入局」，開啟談判的一個包裝手段。

哪來這麼多的門檻？
人人都可當老闆！

在金錢的驅動之下，大陸年輕一代的精明程度很高，人人都有當小老闆的架式及信心。

　　在台灣，很多年輕人都想創業當老闆，但是，想得多，做得少。在大陸，年輕人勇於創業及敢衝的魄力，則遠遠大過台灣的年輕族群，這種魄力，有時甚至強大到讓我覺得他們實在太過魯莽，思慮有欠周延。

　　我覺得，這種存在於兩岸之間的差異，關鍵主要在於：

1　大陸年輕人渴望致富的心更顯強烈。

2　中國大陸人口多、面積大，只要把一個小產品做專業了，成功機會遠比台灣大得多。

3　大陸創業成功的故事非常多，給了許多人也想放手一搏

的勇氣。

4　市場上資金多，許多金主也在找投資新創事業的機會。

5　電視傳媒不斷推出「創業導師」之類的節目。

　　於是，整個市場，充滿了創業的機會及氣氛，基於想賺錢、想成功的強烈動機，再配上廣大市場的想像力，也無怪乎大陸年輕族群在創業這件事情上，遠比台灣年輕人更敢衝。

緊揣員工福利，創業不馬虎

　　我在陸資企業工作的時候，同一部門的文案策畫小陳，他已在這份文案工作上做了四年，月薪 4 千元人民幣（約合新台幣 2 萬元）。不過，4 千元人民幣絕對不是他的目標，因為除了正業以外，他還擁有一個「O2O，線上加線下」的腳踏車店，店內的經營，主要交由他的女朋友打理。

　　因為陳先生是網站的文案策畫，他和另一個部門的網頁設計師聯手打造了腳踏車店的官網，並在網路上販售高單價

的腳踏車。據我所知，公司內部許多同事都是他的顧客（提醒一下，我公司人數最多時有逾一千六百名的員工）。而小陳也定期舉辦腳踏車的主題活動，召集同好一起騎單車運動及旅遊，而他的副業說實話，營收可比正職薪水不知多出多少倍。雖然知道他私下有副業，但是只要在不影響分內工作的情況下，公司並未加以阻止，而跟他一起做網站的網頁設計師，也在過年前開了一家堅果店，跟隨他的腳步自己開店當老闆了。既然自己的事業比上班賺的薪水多出許多，那麼，小陳為什麼還要上班呢？

根據我的觀察，我發覺，原因就在於企業會提供「五險一金」的保障，這項福利對員工非常有用！而且，在員工規模達上百人甚至到上千人的公司裡，同事基本上就是潛在客戶，所以，小陳只須如期完成工作，並且能夠兼顧副業經營，那麼待在企業裡工作的好處實在很多。

公司默許，從上到下創業有成

此外，公司另一名網頁設計師小娜，也是成功創業的實

例！她在公司的工作其實也挺平順，加上待人和善，和擔任公務員、英文很好的老公搭檔，透過自己的微博網頁，私下做著國外代購母嬰用品的生意，一邊上班，一邊賺同事委託代購商品的價差，可說是財源滾滾。而據我觀察，一天總有好幾次，小娜要去樓下收各種快遞及包裹，應該就是幫同事訂的貨品來了，生意非常興隆。

看到這邊大家肯定很訝異，因為在上班時間兼職做自己的生意，在台灣企業裡通常很少見！但是反觀在中國大陸，行為只要低調一點，也沒有影響到原本的工作，那麼其實上司或人力資源部門也不一定會出面干涉。這種情形，確實跟台灣職場大不相同！

台灣的企業主多半認為，既然已付薪水，那麼員工們便應將所有力氣及時間賣給老闆及公司（有時甚至連下班時間也是）！但是，中國大陸的老闆、上司在這方面的彈性就比較大，他們可能更能理解年輕人想自己做、多賺錢的念頭，或是自己以前也是這樣走過來的，所以包容性更大！再加上熟練好用的員工也不是那麼好找，於是乎，這樣的默許也助長了員工接「私活」或自行創業的機會。

用心經營，成功自來

年輕人知道，創業的關鍵，首先是「學會生存」，只有生存下來了，未來才有發展的可能，只有企業發展了，才能做強、做大。所以，創業需要「定位」，需要做精，只有聚焦，才能發揮自己的優勢，讓資源有效利用。小陳在網路上架設的單車店，就是聚焦的小眾市場。他利用線上的網站，結合商場的店面，再加上定期的舉辦活動，經營粉絲，我感覺他也是邊做邊學。

學習過程比結果更重要，今天不管你從事何種行業，經營哪一項產品，都會有無數的競爭對手在等著你。創業者若沒有獨特的競爭方式，勢必很難在業內立足、生存或發展。

所以，在大陸，因為市場大，再加上時代趨勢，如果你把一件事、一個產品做好，做出特色，做出品牌，就有自己的生存空間。當你的企業做精了、獲利了，那麼自然就有機會做大、做強。這也是我從大陸的部門夥伴身上看到的創業模式。而且，在金錢的驅動之下，他們的精明程度都很高，可說是人人都有當小老闆的架式及信心。

學習過程比結果更重要！不管你從事何種行業，經營哪一項產品，都會有無數的競爭對手在等著你。創業者若沒有獨特的競爭方式，勢必很難在業內立足、生存或發展。在大陸，因為市場大，再加上時代趨勢，如果你把一件事、一個產品做好，做出特色，做出品牌，就有自己的生存空間。

CHAPTER 2

了解當地，挑戰不同

公司不是你家，
少自作多情啦！

在內地，「公司像個大家庭」的說法，有！「公司像個大家庭」的事實，沒有！

　　我有一位好朋友，原本在台灣某家相當賺錢的中小企業擔任高管職務，四年前，因為大陸分公司的總經理過世，她臨危受命來到安徽六安，擔任大陸台商企業的副總。原本生性開朗的她，卻因受困於大陸工廠的人事問題，每次見到我，都會提及在大陸當主管、帶員工的苦處，表情煩悶不已。

　　聽完她的陳述，我發現她最大的煩悶其實就是大陸員工性格剽悍，完全不似台灣員工那般「聽話」。還有，她過去在台灣辦公室所處的環境，因為人不多，大家「相親相愛，活像一家人」，彼此間也很少會計較什麼，加班更是家常便飯，但可貴的是從沒有人提過加班費⋯⋯。

倒是她來到大陸之後，情況完全改觀。她說：「大陸員工非常懂得爭取自身權益，甚至，明明是自己提出離職，也可能理直氣壯地請公司付他資遣費。」諸如此類保護自身權益的強悍，以及理直氣壯地要薪水的態度，總讓視「忠誠度」為職場倫理第一守則的台灣高管，以及習慣台灣人「溫良恭儉讓」的主管，倍感棘手。

企業渴望忠誠度，員工總想銀貨兩訖

我在陸資企業工作這幾年，對於好友過去抱怨的種種，我也有機會親身體會。

不過，當我嘗試了解當地人的思維後，對於不好管理的員工，我會嘗試著改用不同的心態去理解，雖然在管理上也會感到棘手，但是，我反而會用比較輕鬆的心情來看待員工的「不配合」，進而想出更有效的領導策略。

我深深地感受到，大陸員工在看待「自己」與「公司」之間的關係，其實和台灣員工差距很大。

其中，我最想說明的一點是，和台灣職場不同的是，中

國大陸的員工幾乎完全沒有「把公司當成家」的觀念。這不是單靠「說服」便可以解決的思想差異，而且，從大陸人的觀點來看，確實也很有道理。如果台灣高管不能入境隨俗，見招拆招，改用平常心去看待及處理這個勞資關係，後果自然是非常困擾。

舉例來說，在台灣，我們常常聽到面試官或企業主告訴求職者，我的公司「像是一個大家庭」，希望藉此吸引新進員工加入。我想，這是許多企業家創辦公司時的願望，更是用來「吸引人才」、「贏得忠誠度」的說法。而我個人也非常喜歡這種「公司就像家，同事猶如兄弟姊妹一般」的感覺（坦白說，也有十幾年的時間，我不但這樣想，也這樣做了……）。

不過，在大陸，關於公司「像個大家庭一樣」，也許會有這種說法！但是，大家都知道，「沒有這樣的事實！」還記得我的某一位前同事，也是我的陸籍好友曾經很嚴肅地跟我說：「將公司看成家庭，其實是一種蠻危險的做法。」

他很直白地說：「在一個家庭中，父母是不會炒孩子魷魚的。做為父母，不可能因為孩子表現不如預期就把他趕出

家門。尤其是大陸實施一胎化，每個孩子都是父母的心肝寶貝，不管如何要求表現，但心裡肯定都是非常愛的。不過，這在公司裡卻完全不是這樣，老闆或主管可以單方面對外宣揚自己的公司是一個友愛的大家庭，但另一方面，企業主也會絲毫不留情面地解雇員工。」

聽完他的精闢解析，我覺得十分有道理！就像我曾待過的陸資企業一樣，公司一方面會在牆上大肆宣揚「相親相愛的農莊文化」，另一方面，卻在接連的幾年時間內解雇上千人，以此達成投資人要求的績效目標。

家庭幸福無法被取代

大陸的好友繼續分享他的看法⋯⋯

他表示：「你仔細想想，把公司當成家，本來就是一個很大的誤解。一個追求績效的公司才能成功，所以，有前景的公司，都會用 KPI 來考核員工，達不到就是只能要你走人！而父母雖然對子女有期望，卻不會因為你無法達成期望而拋棄你，對不對？而公司裡的同事雖然互動頻繁，感覺就

了　解　當　地　，　挑　戰　不　同

像兄弟姐妹一般友好，但真正的兄弟姐妹不會與你勾心鬥角，也不會為了拿更多的零用錢而出賣你……但說到同事，情況可就難說了……」

的確，在中國大陸，勞資雙方是明顯的「契約關係」，大多數員工的目標就是「工作無非是為了得到回報！」所以，提供「吸引人才的薪資福利」是公司最重要的原則，同事之間為了競爭而勾心鬥角，競拍主管馬屁，自然也屬正常。而公司到底是不是一個「家」？根本不重要！這樣的場景就像是「後宮‧甄嬛傳」裡的劇情一般，該劇之所以會引起大家的共鳴，在兩岸三地一播再播，原因無非就是太寫實了！

而台灣的女性常常會為了工作延後或放棄婚姻及生小孩，這在大陸職場是不可思議的事情。因為，勞資之間的「契約關係」，是無法取代家庭原有的責任及價值的。而我的大陸朋友還順帶又多說了以下幾個觀點，每一點都讓我覺得非常有道理：

1. 不把公司當成家，行為才會合情合理

員工到公司上班，公司付出雙方同意的薪水。如果，該

名員工覺得這麼做很值得，那他就會繼續認真負責、任勞任怨，直到完成任務。反觀如果公司認為你也值得，那他就會對你再加碼，加薪升職自不待言……。這是一個「契約關係」，雙方必須站在一個理性的角度，認真看待付出與獲得。

但是，員工若在心態上已把公司當成家，那麼自然就會呵護這個公司，把自己人生其他重要的事情延後或忽略，心中隱隱還有付出一切的悲壯感。（關於這點，在台灣工作十幾年的我，根本就是實踐者！不過現在想想，還蠻不可思議的！）於是，因為把上司、同事當成家人，因此便會理直氣壯地陳述觀點，甚至堅持捍衛自己的想法！雖然出發點是善意的，但是豈不知，你可能因為態度強勢，讓老闆丟面子，以致讓他懷恨在心。（懷恨在心這種事，在一般家庭裡便很少發生！但在企業中卻是必然的）。

好友對此曾下了一個評論，他說：「老闆是不會想跟員工平起平坐的，你讓他丟臉，他只會找機會在未來修理你。」

2. 不把公司當成家，方能落實、理解主管決定

我的大陸好友認為，儘管上級有些決定可能是錯誤的，

但身為盡忠職守的員工，可能有時會因為想法不同而給予建議，但是若上級依舊不接受，那麼身為員工，你理當得拋下成見立即執行任務（家人就不一樣）。而辦公室裡一定有你看不順眼的人，但員工就得努力去適應！老闆用人，即使那個人人格卑劣，也必定有老闆用得上之處，你就是只得接受。

好友說道：「不把公司當成家，你才能好好理解高層決定，並與周圍的人周旋及相處。只要擁有這樣的心態，你就會明白如何學著與人合作。」

聽他分析「不把公司當成家」的原因及好處，我深感很有道理，也因為觀念差距那麼大，大陸員工更傾向於站在自己的角度爭取想要的東西，這也讓我深深反省到，不把公司看成是自己的家，那麼在執行一些組織變革時，你才會釋然，懂得放手，心態才可以更健康。

兩岸的職場交流愈來愈多，日後可能也得前往大陸就業的你，不妨理解並思考大陸人的觀點及行為模式，以免日後有過多的負面情緒。說不定，你還能從中發現這其實也有可取之處呢！

在大陸，員工到公司上班，公司付出雙方同意的薪水，完全是契約關係。如果，該名員工覺得這麼做很值得，那他就會繼續認真負責、任勞任怨，直到完成任務。反觀如果公司認為你也值得，那他就會對你再加碼，加薪升職自不待言……。這種「契約關係」，勞資雙方必須站在一個理性的角度，認真看待付出與獲得。

帶「心」不易，如何客製化「忠誠度」？

只要好好照顧員工，取得認同，那也就等於「妥善照顧了利潤」！

　　因為大陸員工對企業的忠誠度比較低，所以有人問我，面對大陸青年的積極進取，高度的學習動機，以及當仁不讓的狼性性格，現在的台灣年青人到對岸工作，到底還有什麼競爭力？

　　通常被問到這個問題，我會直覺地回答：「忠誠度」、「負責任」。

　　因為，在台灣，「忠誠度」仍然是一個受重視的特質，反倒在大陸這個積極追逐成果及利益的地方，我很少聽到大家談起。而更特別的是，在大陸，我就親眼目睹曾在我們公司上班的離職員工，直接就到該棟辦公大樓的樓上開起公司

來，似乎沒有什麼可避諱的。

更奇怪的是，日後若有必要，老闆哪天也有可能把離職員工高薪挖角迎回公司上班（包括離職後在樓上開公司的），即使他當初是因為跟公司直接打對台而離開的……。

顯然，大陸人對於「忠誠度」的重視程度確實和台灣人很不一樣！不過，中國大陸幅員廣大，還是有例外的，而且，我相信在未來的大陸職場，肯定會有愈來愈多的企業重視，並且訂出策略來激發員工的忠誠度。

奉行「帶人要帶心」

我舉知名的大陸連鎖火鍋店「海底撈」為例。

海底撈成立於 1994 年，是一家以經營川味火鍋為主、融匯各地火鍋特色的大型跨省直營餐飲品牌火鍋店。在北京、上海、瀋陽、天津、武漢、石家莊、西安、鄭州、南京、廣州、深圳、合肥、太原、貴陽等城市都有直營店。而我從媒體上得知，海底撈有兩大特色：

的員工認同公司，把「心」放在工作上時，就會自動自發的關懷顧客，讓顧客滿意。於是，這讓大陸的餐飲服務業的軟實力發揮，讓企業大大發展。

這是海底撈對待員工時所秉持「帶人要帶心」的策略，店家也確實因此成功贏得了員工的忠誠度。

重視員工滿意度

海底撈董事長張勇曾說：「支持海底撈發展的根本，從來都不是錢，而是員工。」這不禁讓人好奇，在「不是」那麼重視「員工忠誠度」的大陸職場，究竟是甚麼原因可以培養出這群具備忠誠度，並且願意為公司帶來更多價值的員工呢？

答案是，海底撈非常重視「員工滿意度」。

舉例來說，在大陸，海底撈的員工宿舍必須是配有空調和電視的樓房，不能是地下室，目的就是要讓員工住得舒服。而員工宿舍距離門店的路程，步行時間不能超過二十分鐘，因為太遠會影響到員工休息。

此外，據內部員工表示，海底撈真正吸引員工的是透明的晉級制度。企業非常注重內部培養幹部，其管理階層都是從基層提拔上來的，因此在公司內部曾經流行「在海底撈，農民工的晉升機會比 MBA 大」的說法。因為給了願景、給了照顧、給了尊重，於是，員工一直很穩定。在流動率很高的大陸職場及餐飲服務業，海底撈員工的流失率始終控制在 10% 以內。

從這個例子中我發現，對於某些先前已存有先見之明的大陸老闆，如今終於發現，只要把員工照顧好，獲得認同，這無非就等於「照顧好利潤」，整個企業將會產生難以想像的效益。換句話說，讓企業真正強大的是員工，擁有好人才，才有機會創造企業的大未來，海底撈就是最佳明證。

總之，一個懷有企圖心的企業若可以在追求利潤的同時，花心力去照顧員工，取得員工的忠誠度，那這個企業終將會獲得更大收益。這種想法，部分的台灣企業主闆也有，而曾經這麼做的老闆，相信也已從員工的忠誠度與回饋中，得到最大的利益。

在台灣，「忠誠度」是一個受到重視的特質，反倒在大陸這個積極追逐成果及利益的地方，很少聽到大家談起。而更特別的是，在大陸，我就親眼目睹曾在我們公司上班的離職員工，直接就到該棟辦公大樓的樓上開起公司來，似乎沒有什麼可避諱的。

不過，大陸也有先知先覺的企業主，開始在「員工滿意度」上下足功夫！他們知道，當員工擁有「企業忠誠度」時，還是會替公司帶來龐大利益。

▍註　上述部分資訊來自於網路媒體。

「誠信」是啥咪？
白紙黑字才靠譜。

到內地工作，要讓自己擁有「被選擇」與「選擇他人」的機會。

　　還記得在我前往大陸上班的前一天，已在上海生活十八年，於外商廣告公司擔任總裁的同學小珮語重心長地先提醒我：「Don't be so serious, or you will get hurt.」

　　我的朋友都知道，不管在工作還是生活上，我一直是個非常「認真」的人。

　　在台灣，認真的性格應該是優點。不過，就在我即將踏上上海到職的那一刻，好友給我的第一個提醒竟是「別太認真！」我想，這應該是我踏上十里洋場後的第一個震撼教育吧！

　　在大陸工作的時候，我也慢慢理解她給我的忠告。雖然在過程中也有不愉快，不過，理解了，也就知道該怎麼調整

自己的心態及作法，保護自己不受傷害。

在大陸，太過認真的個性，的確很容易被氣死！我就有幾個台灣朋友，帶著一身絕學到大陸，想要一展拳腳，卻不知在當地，「專業」固然必須，但「適應」及「調整做法」似乎更顯重要！因為無法適應當地文化，自然也就無法存活，到最後甚至得了憂鬱症返回台灣……，追究原因無非就是「太過認真看待問題」、「無法理解當地思維」兩個重點！

舉例來說，相較於台灣人，上海人「忽悠人」的本事的確是非常厲害。依照我的經驗是，雖然不是人人都是這樣，但比例的確是高的。至於甚麼是「忽悠」呢？

「忽悠」一詞來自東北，意思就是唬弄或呼攏，是讓人陷於一種飄飄忽忽、神志不清、喪失判斷力的狀態。另外，還有「坑矇拐騙，誘人上當」的意思。

不過，「忽悠」也泛指說話不著邊際的吹牛大王，或是不守誠信，經常欺騙他人的人。最後，「忽悠」還具有一些調侃、玩笑的含義在，嚴格來說，它不算是用在很嚴肅的事件中的形容詞。（上述文字參考「百度百科」內容）

敢 去 大 陸 上 班 嗎 ？

在大陸，特別是上海，我經常覺得，很多人講話都不著邊際的，但是看起來是那麼的有自信有魅力，讓你會很想相信他。不過，明明跟你說過了也約好了，但對方卻說話不算話，老實說，司空見慣了。而大家一旦習慣了，便似乎也沒人會去追究，曾經說過的話就被當成是社交辭令一般看待。

另外，我自己就碰過 n 次了！上海人特別會畫大餅，就是有本事把小小的商機描繪得活靈活現，讓人不由自主地被牽著鼻子走。

利誘淪為常態，白紙黑字自保為先

面對兩岸文化的差距，套句大陸人常掛在嘴邊的一句話：「說出口的話一言九鼎，說出來的話比寫什麼都有用。」

但是，這也只是一種說法而已……。

面對兩岸的企業合作時，奉勸你還是要以律師出的白紙黑字，用如履薄冰的態度面對比較穩當。

大陸人經常「說是一回事、做是一回事」，這是文化上

了 解 當 地 ， 挑 戰 不 同

的問題，所以，讓合約寫得清清楚楚，有法律保障，彼此比較不太會去冒犯到對方的底線。的確，在交手時，雙方常常會因為「誠信」問題而感到不愉快。但是，在經歷過一段時間的挫折感後，我開始了解到，這是兩岸的民眾把「誠信」放在不一樣的心理位階上使然，只要了解這一點，你就會知道怎麼處理了。

大陸人口眾多，相較於台灣，競爭是數倍的激烈，所以只要與競爭目標狹路相逢時，兩邊的人在處理事情時的模式通常便會很不一樣！換言之，大陸人的一些做法在台灣人看來是不講道義的。但是在大陸，適時抓住機會，拿來即用是常態。

舉例來說：我有一個台灣企業家朋友，曾帶著台灣員工到大陸出差，而對岸的合作夥伴，不管彼此之間存在的合作關係，因為認為他的員工有價值，馬上試試看是否可以挖角，對這名台灣員工動之以利、誘之以情。而這名陸資企業主在確定自己無法請來這名台灣員工時，竟然還回頭問我的朋友說：「你的人我怎麼挖不動？」

你若碰到這種情況，可別大驚小怪，像我在陸資企業上

班，也曾碰到過相同的事情。例如，平常看起來交情不錯，常常一起吃飯的同級主管，當他需要用人時，首先就是往我的部門裡挖角，給我的部屬加薪（誘之以利）是最常用的方法。而在挖角的過程中，他也絲毫不管平日跟我的交情，或是考慮過若把我的人挖走，將會對我造成多大的不便！（這些台灣人一般般的道義及人情世故，完全不在他的考慮之內。）

如果我問他為什麼這麼做？他會說：「誰叫你不幫他加薪？誰叫你留不住他？」全程嘻皮笑臉，絲毫沒有一丁點不好意思的感覺！正所謂柿子撿軟的吃，顯然我的溫文態度，在他看來是善良可欺的！

利益凌駕誠信，環境造就嗜血性格

對謙虛有禮的台灣人來說，大陸人「拿來即用」的觀念是相當令人震撼的，不過，待久了以後，我也開始明白這只是因為兩岸民眾將「誠信」放在不同位子上的關係。

台灣人習慣將「誠信」放在個人價值觀的最高階，但對大陸人來說，「利益」本就凌駕於「誠信」之上，因此，他

們的誠信可以因時、因地改變，就像野狼吃肉本就沒錯，但這對草食性的羊來說，卻是完全無法理解的。

只要了解了這一點，雙方的互動反而就會顯得容易許多。

台灣人做事細膩謹慎，待人以禮又非常謙遜，不過在大陸，謙虛好禮卻反而容易被人看輕！所以，我平日待人的禮貌，在某些人眼哩，反而讓我成為好欺負的對象。所以，我通常會給前往大陸開疆闢土的人以下建議：「不要對人過於客氣！要看對象是誰？再做判斷拿捏！」

我的意思是，雙方在交手之際，不要太過隱忍及壓抑自己的性格，面對目標時更要懂得當仁不讓。

我之所以這麼說，其實是要提醒大家，這其實是兩岸文化不同所展現出來的結果，大陸人的積極、野心勃勃，是高度競爭的環境中所磨練出來的性格表現。

但難道台灣人不能認清事實，向他們學習一點「狼性」嗎？我認為，絕對可以！因為一旦台灣人知道這點眉角，也可以調整作法！

另外要記得，企業到大陸去開疆闢土，為了不被對岸的合作夥伴吃掉，在合作過程中，切勿一鼓腦地將所有 know

how 馬上釋出，總要讓自己有「不容易被取代」的地方。

　　總之，要讓自己有「被選擇」與「選擇他人」的機會。

　　我認為，當你適應了對岸的思維，學習到應對的方法，人也就大大成長了。台灣人千萬不要故步自封，一定要與對岸做連結，批評或討厭其實沒有大用，而了解對方非常重要！趁年輕到對岸看看，必有收穫。

　　我非常鼓勵年輕人多多參與不同事物，培養在不同情境中處理問題的能力。一開始，可能是痛苦及不習慣的，但是只要經過磨練並學習克服，收穫必然會很大！

　　對謙虛有禮的台灣人來說，大陸人「拿來即用」的觀念是相當令人震撼的，不過，待久了以後，我也開始明白這只是因為兩岸民眾將「誠信」放在不同位子上的關係。當你適應了對岸的思維，學習到應對的方法，人也就大大成長了。台灣人千萬不要故步自封，一定要與對岸做連結，批評或討厭其實沒有大用，而了解對方非常重要！趁年輕到對岸看看，必有收穫。

花錢買專業？大陸老闆就愛「銀貨兩訖」。

與其跟我套交情，還不如直接調薪，在大陸上班族心中，「報酬」這件事依舊名列前茅。

　　雖然我在談到「狼性文化」時，曾經提到「狼群的團結性格」被企業推崇這件事，不過，從我在大陸的第一手觀察，在激烈競爭的大陸職場，「團結」這件事，實在不容易做到！

　　在大陸職場中，人與人之間競爭激烈，所謂「謙讓」這種傳統美德，我聽過，但是不常看到！特別是在一、二線城市的企業中，當仁不讓的拚搏精神，是比較明顯的。而這種台灣人推崇的「謙讓」美德，還有可能會被解讀為「不積極」，在大陸會變成是負面的性格！這就是兩岸價值觀很不一樣的地方。

此外，在大陸職場，我很少聽到有人在討論「忠誠度」這件事。並不是「忠誠度」這件事本身不好，而是在機會多、激烈競爭的環境下，「忠誠度」這檔子事，在大陸人的心理位階排序上其實是蠻低的。

舉例來說，台灣老闆最愛的是「家臣」。至於甚麼是「家臣」？指的就是被台灣老闆心裡認定是「自己人」的員工。

主從關係想法各異，專業得花錢買？啥……

在台灣老闆的心裡，因為對「家臣」有著「知遇之恩」，所以，台灣老闆也認為「家臣」需要「報答老闆」。而報答的方式，就是「對工作全心全意地投入」、「必須隨叫隨到」、「沒有貳心、絕不輕言離職」等諸如此類的要求。在台灣的部門主管，心裡多半也會有這種傾向，總覺得自己部門裡的每個人一定是「自己人」。

不過在台灣，即便是跟隨老闆很久的「家臣」，通常也很難開口跟老闆要求加薪及福利，因為心裡會盤算，就算勇敢開了口，多半也很難得到認同。原因就在於台灣老闆認為

家臣要報答主子的「知遇之恩」，所以特別喜歡享受「給的樂趣」，希望以自己的角度跟想法來「照顧家臣」。

至於做得久的「家臣」，薪資是否跟得上市場行情？那可就另當別論了。在台灣的「家臣」文化中，老闆最在乎的是「忠誠度」。至於說，台灣的「家臣」作事是否能幹？那倒是其次的考量了。

而根據我的觀察，年紀愈大的台灣老闆，愈是容易把跟著自己愈久的員工當成「家臣」看待。至於陸資企業？我認為，其實也有類似「家臣」的概念在！或許，陸資企業的老闆，對他的「家臣」也跟台灣老闆的想法有相似之處！不過沒有用！因為，台灣人沒有機會在陸資企業當「家臣」，應該都是當「傭兵」，這是沒有辦法的事。

對於台灣的人才，大陸老闆喜歡用「傭兵」的角度來看待，就像聘請「台籍經理人」，就是大陸老闆心中愛用的「傭兵」，其概念就是「付錢買本事」。大陸老闆願意用高薪聘請「經理人」，而「經理人」因此拼命幫忙打天下、貢獻know-how、提升市佔率。

比較起兩岸的企業主，大陸老闆是「pay for performance」，用「薪水」來買「表現、績效」，是一種銀貨兩迄的概念。加上因為有績效的時間截點、要量化產出，所以這當中好像沒有什麼人情味。我也聽過一些在大陸工作的台籍幹部朋友，抱怨大陸的企業主「沒有人情味」這一點。

但優點是，稱職的人，卻可以藉「pay for performance」獲取高報酬，價值容易被看見。反觀許多台灣企業主因為心中存有濃厚的「家臣」觀念，是「pay for relationship」的，是以「薪水」來買「關係」的，所以「量化表現」的觀念就相對顯得比較低。

只是處在如今這般現實的就業環境裡，我個人倒是認為，大陸老闆「pay for performance」，用「薪水」來買「表現、績效」的做法其實挺乾脆的。

另外，即便再怎麼公事公辦，但畢竟人情留一線，日後好相見嘛！所以大陸的企業主有能力時，還是會試著想辦法留住人才，設法提高員工對企業的忠誠度：

1. 藉著「誘人待遇」留人

企業若本身條件夠雄厚，直接用「待遇留人」是最常見

的。大陸員工非常重視高報酬及與職位提升。所以，企業很常使用「一流人才、一流業績、一流報酬」的人才激勵機制，也非常有效。

但是，也不見得每個公司都有辦法拿出高報酬來吸引、慰留人才，所以，很多公司改以股份、期權等條件，讓員工為了「未來可能實現的高報酬」來努力！企業給個願景、畫個大餅來交換員工的忠誠度，也是司空見慣的事情。

2. 透過「發展前景」留人

承上述，該企業是否具備良好的發展前景？是否有一個高效、務實的領導團隊？這些都是具有企圖心的上班族非常重視的特點。而員工自身的發展，是否與企業的發展同步？於是，企業投資給予員工培訓和知識技術提升的機會，也是員工考慮的重點！將企業的目標和員工的職業生涯結合起來，就是提高員工的企業忠誠度的有效方法。

所以，目前在中國大陸的培訓機構，可是非常紅火喔！因為，企業投資給予員工培訓和知識技術提升，也是一種留人才的誠意。

3. 利用「革命情感」留人

據我的觀察，相較於誘之以利，陸資動之以情來慰留人力，反倒是比較少見的！但是即便如此，企業主還是知道「情感投資」，確實具有潛移默化的效果。所以，有些大陸企業也會刻意營造一種積極、團結和諧的人際氛圍，讓大家快樂工作，增強企業凝聚力和吸引力。

在過去的經驗裡，我效力過的陸企老闆也會三不五時地提醒我們要跟屬下多交心、建立革命情感，公司也會補貼「團隊建設」費用，希望藉此降低員工離職率。至於有沒有用？我覺得效果還是有的。只不過，在大陸上班族心中，訴之以情的效果，總是遠遠比不上高薪待遇，這也是真的。

老千局永遠在，
從俞小凡受騙講起……

騙術再高明依舊有破綻，提高警覺、不存貪念，方為保身之道！

在大陸工作，遇到騙局的可能性是存在的，而且為數不少。就像我在公司裡，周遭的同事也不時會接到詐騙電話，只是因為他們早已司空見慣！加上遇到事情時，大陸同事們可以馬上跟周遭的朋友討論，一談起來，自然就不容易被騙！而台灣人因為身處異鄉，對一切都不熟，心理上可能比較脆弱；而遇到問題時，身邊又沒有值得信賴的人可以諮詢，於是就更加容易受騙！

如果剛好又是名人，可能就會變成壞人鎖定的對象，風險特別大！像是先前知名女星俞小凡被詐騙就是一樁典型案例……。

　　根據媒體報導，2015 年農曆年前，經常赴內地拍戲的台灣女演員俞小凡在大陸接獲電話，對方自稱是「上海公安」，指控俞小凡涉及詐欺案件，必須監管其帳戶存款，要俞小凡將存款轉到「指示帳戶」，待清查帳戶資金進出是否正常後才可歸還……。

　　不疑有它的俞小凡返台後，便依對方指示，透過在中國地區銀行申請的Ｕ盾（USBKEY，中國工商銀行推出的數字認證隨身碟）插入電腦，以網路銀行方式，匯款到對方指定的帳戶。

　　俞小凡前後總共匯款六次，金額高達 800 多萬元人民幣，而待匯款六次後，俞小凡方才發現自己受騙並隨即報警。而據警方初步追查，這個「假公安」詐騙集團專門鎖定民眾行騙，得手後贓款立即轉匯到另一個人頭帳戶，最後可能由台灣車手在國內以銀聯卡提領，再將錢洗到對岸。換言之，當款項匯到人頭帳戶後，詐騙集團早在第一時間就已提領一

空，想將款項追回的難度其實很高。

雖然詐騙兩岸都有，但是像俞小凡這種匯款了六次，積蓄這般輕易地就被騙走，大家可能會覺得她很笨！但我想說的是，人在異鄉工作，心理狀態肯定比較寂寞，加上不瞭解當地的法律所以心生恐懼，肯定是更加脆弱的！另外，也是詐騙者的行騙段數實在很高，所以，受騙案例總也時有所聞！

就拿我自己來說，也曾有過差一點被騙上當的經驗。

重金布置騙局，謹慎方可保全

到大陸工作後，由於是進入互聯網的時尚行業上班，所以我和許多大陸人一樣，立馬便迷上了淘寶。每天早上一打開電腦不先「淘」一點東西就不過癮。從一開始的包包、衣服到電鍋、電扇、隱形眼鏡、首飾……我幾乎甚麼都可以買。而這樣的現況在中國，大有人在，也就因此，給了詐騙集團可乘之機！

某天，我收到一個手機簡訊，告訴我因為昨天在淘寶購

物，剛好是第 xxx 位幸運者，所以幸運獲得一台新型的蘋果電腦外加 15 萬元人民幣（約合新台幣 75 萬元）的獎金。簡訊最後還要我「詳情請上某某網址查詢」。

因為在台灣時，我就是一個三不五時會中小獎的幸運兒，甚至是公司的尾牙抽獎也是年年都榜上有名，每個月的統一發票對獎時中個 200 元更屬家常便飯！在美國時還抽中過卡拉 OK 機器！所以，我對自己參加抽獎活動能中大獎這件事是深信不疑的！倒是自從到了大陸上班後，卻還沒有中過任何獎品，也無怪乎一收到這個的中獎簡訊，讓我著實興奮到不行！

首先，我趕緊上了手機簡訊所提供的網站去瞧瞧。仔細看過後，我覺得它是一個資訊豐富，架構非常完整的網站。（因為我是網站企劃出身，如果覺得不錯，那肯定是錯不了的！）

也因為實在太高興了，所以我忍不住跟一名同事兼好朋友說了這件事，她是坐在我旁邊的櫻蘭。

忍著興奮，壓低音量，我告訴她：「櫻蘭，我有沒有跟妳說過，我以前常常中獎？我跟妳說喔，我又中獎了！妳看，

這個淘寶中獎網站，上面有我的名字呢！」

櫻蘭是個溫柔又理智的女子。她看完後輕聲地對我說：「妳要不要叫大麥來幫忙看一下？」

大麥是隔壁部門的技術人員，對網站很熟的。但聽到櫻蘭這樣說，我忙不迭地回應：「大麥是不是個大嘴巴呢？我跟他不太熟！等一下如果他告訴全公司這個消息，我可能要請全公司吃飯了！」

櫻蘭不死心。她緊接著說：「那妳要不要請技術總監來幫忙看一下？」技術總監海冰是我的朋友，他很嚴肅，老板著一張臉，話也很少。我想了一下之後便逕直走到隔壁大樓，躡手躡腳地找到技術總監，神秘兮兮地跟他說：「你可不可以來我的位子，幫我鑑定一件事……我之後一定請你吃大餐！」

技術總監皺著眉頭，一臉狐疑地走到我的座位前，跟我一起偷偷地研究了那個中獎網站。片刻之後，他抬起頭來，很嚴肅地跟我說：「我覺得妳有 99.5％ 的機率是被騙了！」

聽到這裡我很不服氣，直呼：「怎麼會？這網站做得超好的！如果是詐騙集團，怎麼會做得那麼像呢？」

技術總監依舊一臉嚴肅地跟我說：「所以我說，妳有99.5％的機率是被騙了！這當中也許還有0.5％的機會是真的中獎了啊！」

　　但也因為實在無法確定真假，這件事情於是只能擱著，先幹活去，把工作告一段落再說。

　　忙完下班回家後，我在社區公園裡散步，想著想著，我竟然就想通了！這確實應是詐騙集團所為，主要是要想騙取中獎金額的稅金。只要我開始進行下一步，就會無可避免地，一步一步落入對方的圈套。於是，我傳微信給技術總監，跟他道謝！最後還開玩笑地說，下次若真中獎，獎金一定會分給你。

　　倒是他依舊耍酷，簡單地回覆我：「我非常期待有這麼一天……」

　　我現在只要想起他那酷酷的表情就想笑。但畢竟是他救了我！

　　後來我才發現，這種詐騙的事情天天發生，大陸的同事早就免疫了。通常若接到這種訊息或是來電，只要跟旁邊的人討論一下，多半都有機會盡快「清醒」過來。

看似愈合理，實則愈有「詭」

我也有曾耳聞同一個部門的企劃小梅（嘉興人），明知這是詐騙電話，卻還跟對方聊上個十來分鐘的情況。小梅告訴我，她只是想知道對方究竟想要怎麼騙她？

此外，還有一種詐騙，也讓我一想起來就覺得啼笑皆非！

因為年中要請部門的夥伴吃飯，於是，我挑了大飯店的自助餐廳聚餐。因為餐廳主打「哈根達斯冰淇淋吃到飽」的促銷活動，所以即便餐費頗貴但還是相當具有吸引力。

待大夥兒吃到一半，有一個同事問我，「妳覺得這是真正的『哈根達斯冰淇淋』嗎？」

我說：「既然是廣告主打，怎麼可能騙人呢？」

小夥伴笑著說：「就是因為主打，才更可能是假的呀！」

說到這邊我突然一陣語塞，因為我自己心裡也不敢保證……不過，嚐起來的味道確實不太像！

總之，在大陸工作，這種似是而非的事情實在太多了！我建議，一定要謹記：「Too good to be true」的原則，大陸人習慣「一臉自信地告訴你一件事」，這種狀況很正常，但

不一定是真的！所以若遇到像俞小凡那種事情，千萬不要輕易被嚇到，記得先保持冷靜，緩一下再做決定都好！如果有疑問，可以多問幾個當地的熟朋友，試著釐清事情真相！

　　不過還有一件事要小心，那就是不要「跟鬼拿藥單」，因為台灣人也會欺騙台灣人的，總之，騙術到處都有！時時保持冷靜，不要貪心，多交一些有益的好朋友，才是保護自己的好方法。

　　在大陸工作，遇到騙局的可能性是存在的。台灣人因為身處異鄉，對一切都不熟，心理上可能比較脆弱；而遇到問題時，身邊又沒有值得信賴的人可以諮詢，於是就更加容易受騙！

　　大陸人習慣「一臉自信地告訴你一件事」，這種狀況很正常，但不一定是真的！所以若遇到像俞小凡那種事情，千萬不要輕易被嚇到，記得先保持冷靜，緩一下再做決定都好！

中國遍地是生機，「判斷」講門道

內地賺錢機會多，風險也高，凡事記得理智判斷，才能確保全身而退。

在經濟發展蓬勃的中國大陸，遍地是機會，只要你被視為具有利用價值，那麼每天都會有人爭相告訴你新的賺錢機會，哄你入局。

但是，這到底是不是個好機會？抑或，你不過是對方眼中的「肥羊」？這確實需要冷靜下判斷的。例如直銷。

我所處的陸資企業 MBB 公司，在我入職前的兩年，已經大裁員幾次（雖然我發現時有點驚訝，但後來得知，這在大陸的創業公司似乎挺常見的！）前一波的裁員，有些員工離職後便去做了跟「減重」議題相關的直銷生意。才一、兩年光景，轉行做直銷商的前同事各個出入開名車，還不停地

在微信朋友圈內上 po 出國旅遊的風景照。種種行為著實讓許多還在公司上班的同事們羨慕不已⋯⋯。

此外，近幾年流行的「微商」（在微信上做生意的人），其中根本就是亂象一堆，但卻有很多人奮不顧身地瘋狂投入。因為很多微商的宣傳手法，緊緊抓住人想要快速致富的心理，深深吸引想要「抓住機會、快速擺脫貧窮」的老百姓⋯⋯。

舉例來說，90 後美女周某某靠著網路爆紅，成功佔據各家媒體頭條，而這名網路紅人，就夾著「美容教主」的姿態，以龐大的人氣開始經營微商，做起面膜的生意來了。

周某某挾著被「數十萬名粉絲」視為女神的商機，成功為她帶了不少財富。她曾在朋友圈分享支付寶的對帳單，其中 2014 年十二月就有將近 5 萬元人民幣的支出。此外，她還在微博、微信中分享自己的成功經驗：「⋯⋯現在（賣面膜）的成績雖然沒有達到一年八位數，但是也不遠了。」（不過，後來由於她販售的面膜品質出現問題，如今已開始遭到眾多買家投訴。）

來看看這位號稱美容教主周某某的背景條件，的確讓人

觀念篇
Concept
▼

了　解　當　地　，　挑　戰　不　同

羨慕（雖然也不一定是真的！但有許多人相信就是。）據媒體報導：周某某十五歲時，前往奧地利留學，2014年夏天回到大陸，在微信朋友圈上賣面膜。因為家世好、五官姣好，本身就具備令人羨慕的條件，一經炒作後自然會引發關注！之後，她相繼在微博、美拍、天涯等平台上傳美照和四十一部視頻，成功製造熱門話題，運作微博加V吸引人氣，把自己完全炒紅之後，再把粉絲導流到微博和微信上開始做生意，效果卓著。

　　只是，周某某不過是眾多「草根微商」致富的代表而已。

賺錢手法推陳出新

　　那些「透過朋友圈宣傳，小人物也能快速致富」、「90後微商，只需六十天，從5千元變10萬元」的種種故事，開始產生強大的示範效應，吸引更多的大陸年輕人投身其中。不過，這當中也有人破解了這個根本不可靠的致富公式。其實在微信、微博等社交媒體刷屏、刷粉、刷單，與「人為製造」爆款，正是上千萬草根微商致富的共同秘訣！

2014 年，微商成功打造了 1 億 5 千萬元人民幣的年營業額！但是，微商生意其實很多都是造假的。根據研究，要成為賺錢的微商，其行銷方式大致不脫以下三點：

1. 有計畫地「刷屏」

這種概念有點像傳銷，又有點像加盟。在微信朋友圈「曬流水單、曬帳單、曬包裹」，上線微商（大微）發什麼，下線（小微）就發什麼。

內容不用自己做，轉貼就好。微商用這種「生意好的假象」來吸引羨慕的人加入。

2. 製造「刷單」或靠「漲粉」來假造高人氣

如果沒有周某某的美貌及製造話題的能力，但只要花上幾百塊人民幣，你一樣可以花錢請人給帳號「漲粉」，製造人氣高漲的假象。也就是說，這些粉絲不是真的，而且可以輕易用錢買到。

至於製造「刷單」也非常簡單。微商可以利用「微信對話生成器」、「支付寶轉帳截圖生成器」、「網銀轉帳截圖

了 解 當 地 ， 挑 戰 不 同

軟體」等軟體，營造微店生意興隆的假象，用以騙取消費者信任。

3 . 洗腦

這種是靠思想說服，特別是用「勵志雞湯」洗腦的手法。例如，在微信朋友圈轉發上「靠父母你最多是公主，靠老公你最多是王妃，靠自己你就是女王」這一類激勵人心的文字，此舉往往能吸引一些想要快速致富的人。

據瞭解，微商直接銷售就能賺 2 ～ 3 萬元人民幣，再加上發展下線拿提成，微商圈裡月入 20 萬元也是有的。這種手法便是以代理銷售產品做為幌子，實際上並沒有或者很少銷售產品，以發展下線會員方式取得利益的經營方式。這些公式吸引人上鉤的招數說穿了也不值錢，可是當你周圍的人都在幹同樣的勾當時，確實有很多人就這樣被吸引進去了。

事實上，微商面膜的案例只是冰山之一角，在中國大陸，經常會有人向你透露各式各樣的賺錢機會，真真假假，你一定要冷靜判斷。誠如我在上一個單元中告訴各位自己差點被騙的網站抽獎騙局一樣，上網查探後，發現對方連網站都做

得非常專業，幸好我冷靜地諮詢了當地的朋友、同事，徹底搞清楚狀況，否則，傷心破財恐怕是無法避免的下場。

在大陸機會很多，但是要理智判斷，盡量多問問值得信任的朋友（值得信任的朋友也許是大陸人，也許是台灣人），不要輕易相信任何人（也許是大陸人，也許是台灣人，因為，台灣人也有可能騙你的！）如果發現判斷錯了，就及時回頭，停損出場，當作交學費，沒什麼丟臉的！這是在大陸生活非常重要的事，與大家共勉之。

在中國大陸，經常會有人向你透露各式各樣的賺錢機會，真真假假，你一定要冷靜判斷。誠如我告訴各位自己差點被騙的網站抽獎騙局一樣，上網查探後，發現對方連網站都做得非常專業，幸好我冷靜地諮詢了當地的朋友、同事，徹底搞清楚狀況，否則，傷心破財恐怕是無法避免的下場。

積極「小屁孩」，
與 90 後的一場奇幻之旅。

誠懇、禮貌、條理分明，這是我對這位 90 後海歸派的深刻印象，誰說年輕人一定魯莽、易壞事？

今年五月，跟上海的出版集團開始討論出版「影音課程」的事情。

因為「影音課程」是時代潮流下的產品，所以，我很快地就答應了這個出版邀請，並且已經進行到產品製作階段。六月，出版集團的連絡人在微信中告訴我：「我們會派出一個潘某某，做為這個專案的主要聯繫窗口。」而這位微信上暱稱「貓黛玉赫本」的連絡人最後還補上一句：「潘某某可是個超級帥哥喔！」

雖然「帥不帥」跟「專不專業」完全是兩碼子事情，但是在上海這個非常重視「顏質」的地方，我知道，「帥不帥」

這件事，確實是可以當成「牛肉」（誘因）端出來誘敵的。我也明白既然是跟對岸的年輕人相處，自己最好還是非常捧場的，在微信用了一個原子小金剛的貼圖回覆「貓黛玉赫本」說：「太好了！」，順便再補上好幾個拍手的貼圖 ..….. 藉此充分表達我對這件事情的興奮！

第二天早上九點，這位潘先生就透過微信自我介紹，並向我說明工作配合的流程。其實，光看那個微信頭圖，我就笑翻了！因為，那微信頭圖裡的照片，還真不是什麼大帥哥，看起來就像個小屁孩（就是非常非常年輕，看起來實在不太靠譜的那種款式……）。我這時心裡只能暗想，「唉呀！這可不太妙……！」

不過，既然是頭一次和對岸的出版集團合作，我也提醒自己最好不要一開始就以貌取人，或是讓對方覺得我這個台灣老師太難搞！只是一段時間合作下來後，整個過程還真的是讓我跌破好幾副眼鏡！我必須說，這位潘先生可能是我過去十幾年合作過，「數一數二的愉快」的合作對象。雖然那時候我和潘先生還沒見過面，但是我可以簡單地列舉出幾個優點，像是「有禮貌」、「凡事立即回覆」、「嘴巴甜」，

及「恰到好處的積極」等等。

不卑不亢，行事有據條理分明

說到「有禮貌」這件事，我其實從他的聲音及用字遣詞中，便可完全感受到。因為我在台北，他在上海，雙方多半是以「微信語音」的通訊軟體在討論事情。他對我提過去的問題，總是很有耐心地逐條回答，若碰上無法立即回答的，他也會應允去找出答案，而且不需要等很久，他一定會回覆。

雖然他給我的答案因雙方立場問題，不一定皆盡如我意，他也會不卑不亢地表達他們的立場，既顯自信卻又相當溫和。而且，說話的音量適中且誠懇有禮，不急不徐，給我很大的安全感。

此外，他的禮貌也呈現在書寫文件的「用字遣詞」上。有時，他會用文字回覆我的疑問。雖然 90 後的無厘頭用詞已儼然成為一種常態，但他在跟我討論問題時，卻一定會使用正常的詞彙，用字遣詞既有禮貌又精準。這一點，讓我格外的放心。

還記得某個星期日，因為我初步的內容做了一個模組，為了怕走錯方向會浪費時間，我同步寄給他，並希望他周一上班時幫我看看，是否符合他們預期的標準。沒想到，我才寄出電子郵件沒多久，他便馬上回覆我：「老師，真不好意思！因為我人在外面，可否晚一點回覆您？」

　　看到這邊我自然馬上表示說：「我是提早寄給你的，所以周一再看也無所謂的」。後來，我在微信朋友圈上發現他其實正在與女朋友約會（因為他曬了跟初次約會對象去看電影的照片）。

　　我對於打擾到他的約會，心裡實在感到十分抱歉，於是留言致意。沒想到他又「立即回覆」說：「老師，完全沒關係的！」

　　從這就可以看出，這位 90 後的小朋友的潛質！

逐夢踏實，性格平穩不畏艱難

　　而他「嘴巴甜」這項人格特質，則完全體現在我給他看服裝造型這件事情上。

了　解　當　地　，　挑　戰　不　同

因為這次是出版影音商品，不可免俗的，我詢問了拍攝背景的顏色，以及其他需要注意的事項。最後，我挑出四套衣服，拍下來並寄給潘先生，請他幫我和背景顏色做一下比對，看看是否合適？並且詢問了他的意見。

　　潘先生回覆我：「我覺得紫色那套非常有氣質，紅色那套的氣場很強，應該可以壓得住全場……。」從這段話可以看出他的回覆絕非空泛地說：「可以啊！都不錯啊！！」諸如此類的應酬話，雖不見得全是真心話，但我覺得至少他有盡力表達參與的誠意感並給予講師充分的信心。畢竟，伸手不打笑臉人，嘴甜總是討人喜歡，這對人際關係可以相當加分的做法。再者，於每天互動的過程中，我總覺得他相當熟稔於拿捏節奏，凡事不急不徐地，徹底打破我對很多年輕人魯莽的刻板印象。

　　後來，工作終於進入錄製階段，我總算看到潘先生本人了。

　　聊過之後我這才發現，他是留學韓國八年的大陸海歸派，穿著打扮非常潮，待人很有禮貌。坦白說，在錄製過程中還是發生了種種不順利，不過，潘先生也總是不急不徐地

處理，絲毫不畏難。而面對著軟、硬體設備的不理想，我覺得，他始終很有耐心地面對各種限制及需要處理的困難，依序完成任務，所以，同樣身受其苦的我，也因為合作對象的穩定操作，於是決心一起咬牙度過這些困境。

說實話，直到目前我還是常常想起這個年輕人，最近，聽說他離職了，打算去考警察。雖然有點錯愕，但我覺得年輕就是本錢，只要下定決心，那就勇敢地去追求夢想吧！雖然這是我意想不到的發展，但行文至此，我還是由衷地祝福他心想事成！

雖然大陸 90 後的無厘頭用詞已儼然成為一種常態，但他在跟我討論問題時，卻一定會使用正常的詞彙，用字遣詞既有禮貌又精準。這一點，讓我格外的放心。用到這種員工，實在是他老闆的福氣！

花錢買傷心！
大陸服務業的三聲無奈。

大陸服務業賺取佣金企圖心重，強力推銷壓境讓人吃不消，記得要小心應對。

　　在大陸，雖然有像「海底撈」這種令人感動的餐飲服務業者，但一般來說，大陸服務業的素質，其實和台灣相較之下還是差距頗大。

　　在嘉興，我最常聊天的創業家，就是我居住的小區（社區）廣場的美甲店夫妻。這兩個人來自江西，創業時只有二十二歲及二十歲，小店環境很乾淨，裝潢很樸素，不過，使用的指甲油卻是 OPI 的（和大陸很多的店仍在用劣質的產品打上英文字欺騙顧客，有所不同），因此，小店頓時產生了一些時尚感。

　　其實小區裡共有兩家美甲店。其中一家，歐式裝潢，豪

華的椅子，富麗堂皇的水晶燈，就在這家小店斜對面。我不選擇它的原因是該店的落地窗裝潢，總讓在裡面消費的客人，享受服務時的模樣一覽無遺！不過，也許是因為裡面弄得還挺豪華的，所以還是有不少客人願意「被看」，這或許與在當地，高消費力是值得向人炫耀的素材有關吧。

而我去的這家美甲店比較隱密，落地窗用大簾子擋住，樸素乾淨的裝潢，比較「合」我的台灣品味。加上因為服務的不錯，我這兩年來都一直在這邊辦卡儲值，可說是店家的消費大戶。

先講「辦卡」這件事。

因利趨之，服務業競爭壓力大

在大陸，幾乎去任何服務業的店，都有「辦卡」這件事，包括美甲店、洗髮店、按摩、足浴、看電影、吃飯、買麵包、喝咖啡、中醫頸椎保健、乾洗店……等，只要你辦卡了，店家通常會給你很大的折扣。例如我在美甲店，若一次充個3千元人民幣，那麼店家將會回饋你五折優惠，而且還可以折

抵產品。

我覺得，這對一間規模不大的小店來說，確實是一個很聰明的作法。因為已經「充卡」了，而且又正好開在我家樓下，所以只要有空就去逛逛，感覺好像沒有多花錢。

再者，「充卡」就打五折，感覺確實很划算！加上訂價本來挺高的，打折下來後會感覺便宜很多（雖說事實倒未必真的很便宜）。至於「充卡」可以折抵產品（保養品）且「充卡」後便算是會員，保養手工費全免。但是，仔細盤算後會發現，店家使用的保養品售價其實很貴！一套1千多塊錢人民幣，但我看成本其實連一折都不到。

不過，即便感覺並非真的占盡便宜，但我為何還是會去消費呢？首先，我喜歡美甲，他們的服務確實不錯。而且，既然已經辦卡了，所以⋯⋯我被會員「充卡」綁住了，畢竟修指甲五折，感覺便宜很多，外加保養手工費免費（但是，其實他在賣的是很貴的保養品，會一直消耗，很快就要買新的），實在很吸引人。

夫妻兩人經營這麼小的店，也會策略聯盟。他們和社區其他的店合作，例如充卡1千元，可以到對面照一張免費的

沙龍照（價值 168 元人民幣）之類的，把客戶成功導引到其他店家去做交流。

此外，他們也定期在微信上 po 出新的指甲彩繪圖片，刺激客戶做美甲的慾望。後來又加入了脫毛、燙睫毛等服務，藉此擴大銷售產品的範圍。我相信，只要他的服務使終維持在一定的高水平上，待客戶產生慣性，這個的商業模式就一定能行得通。

見招拆招，避免受騙要憑智慧

說起我們那個社區各店家的卡，優惠活動多。所以，當我一住進去，光是那個小區裡，我就辦了好多張不同的卡。不過根據我的經驗，到大陸生活，以下幾件事情一定要提醒大家：

要小心店家「做不長」，如果店倒了，錢可不一定拿得回來！而且辦卡後也不能確保對方一定不會再推銷其它商品。還記得我曾去其中一家連鎖美髮店消費，我第一次去就辦了五百元的卡，但是待我第二次去光顧時，他們就拼命鼓

吹我升等，再加個五百元變成金卡。

　　大陸的店員賺錢的企圖心很重，一直推銷會讓客人壓力非常大，自己要小心評估、從容應對。

　　再者，有些店在你辦卡以後，服務態度就完全變了。

　　這是大陸的服務業遠遠比不上台灣的地方。不過，以我的經驗，還是有少數服務業做得比較好，就像我常去的幾家小店。通常，如果服務者就是老闆，態度真的就差很大。另外，中國大陸的美髮業經營時間都不長，跟台灣相比，差別更大。就像我辦卡的那家美髮連鎖店，經營一年半後就關門了！另外一家，則是在我辦卡以後開始大漲價，所以，仔細算算後就會發現自己根本沒有占到便宜。

　　後來，我終於學乖了，不再辦卡了，向我推銷不成的美髮師傅，全程鐵青著一張臉！而你若是想找位於上海市區，服務好一點的沙龍，那你恐怕要有荷包大失血的心理準備，因為簡單洗個頭，定價就比台灣至少貴兩倍，服務品質也普通！

　　所以，我深深感覺，台灣的服務業素質，實在是比大陸好很多！這是我們值得驕傲的地方，也是大家一定要記得，

妥善運用的優勢！都說台灣最美的風景就是「人」，充分展示自己的優點，才有機會與對岸一較長短啊！

在大陸，幾乎去任何服務業的店，都有「辦卡」這件事，只要你辦卡了，店家通常會給你很大的折扣。但要小心店家做不長，如果店倒了，錢可不一定拿得回來！而且辦卡後也不能確保對方一定不會再推銷其它商品。大陸的店員賺錢的企圖心很重，一直推銷會讓客人壓力非常大，自己要小心評估、從容應對。

語不驚人死不休，
「宅視界」就是要好玩！

打開視野，理解它、應用它。在中國大陸，不好玩的東西，就不會被傳播！

    在中國大陸這幾年，我還是一樣做「行銷」（marketing）的工作，隸屬於公司的「市場部」。在這裡，他們不說「行銷」，比較常用的說法反而是「營銷」，這當中含有「營運＋銷售」的概念。

    從 1999 年我進入台灣的網路行業後，其中有十一年時間是在人力銀行網站工作。在我的想法裡，「找工作」是一件非常嚴肅的事情，所以在傳播上，我也一直謹守品牌分際，很少使用跳脫品牌調性的方式去做傳播，也就是說，在傳播、廣告、公關、活動中，我的態度總是非常正經嚴肅，並且，這種品牌調性也一直獲得老闆支持。另外，在指導求

職者撰寫履歷表跟自傳時，我最反對的就是寫出一篇「火星文」，而且，我也真心認為，火星文實在太過無厘頭，絕對不是我這種專業人士會贊成的文體（哈！）。

過去，在人力銀行網站執行行銷方案時，我最常用的方法是發佈求職、求才的相關研究，堅持走百分百專業路線，而長期下來，效果確實很好。

然而意外的是，來到大陸後，我很快地就發現到，我一貫秉持的「專業」想法，在中國大陸，必須要改變……，而且，要快速改變！

有趣才會被關注，道德標準無底限

到陸資企業上班後，每天早上，人力資源部門都會發一則「朝文」（類似是公司內部布告欄，以 e-mail 傳送到我們每個人的信箱。）人力資源部門不是應該比較嚴肅嗎？錯！每日收到的「朝文」，寫作風格就是非常無厘頭，幾乎完全就是網友們直接在網路上聊天使用的語法，這真讓我驚訝！

此外，我過去最不以為然的「火星文」出現了，而且，

了 解 當 地 ， 挑 戰 不 同

一篇「朝文」，如果不理解它是故意的，幾乎會認為是錯字連篇……（一開始，我都認為是寫錯字，但後來發現並不是）。而且，使用的圖片不只沒有取得授權，還經常變造的怪裡怪氣，有時甚至還帶點「A」風格（咦？這不是一家大公司嗎？）

不過，我的互聯網年輕老闆不只非常欣賞，一年後，還要我們市場部接手時，也得延續這個風格！這對我而言，實在有點衝擊……！

更特別的是，我們公司最兇的一個人，就屬人力資源總監，他的威名來自於他曾經一口氣開除過一千多名員工，加上每天總是板著一張臉，因此人人都對他敬而遠之。這位臉上始終沒有表情的大內高手，在微信朋友圈上也是用字遣詞十分網路化的人（常常故意寫的錯字連篇），例如好開心他會寫「好嗨森」（香港話直接翻譯），這樣的舉措和他的嚴肅外表實在頗為不搭。

就這樣，我很快地抓到了重點，那就是：在大陸，不好玩的內容是絕對傳播不起來的！

在互聯網時代的內容行銷，其實可以透過一個很有意思

的話題來引爆，絕對不再是像以前一樣硬梆梆的。例如成龍的「DUANG」就是很好的例子，大家覺得很好玩，就會有興趣繼續關注，或者轉發給自己的朋友！這時候，病毒式傳播就出現了。

在過程中，我們的品牌可以植入到這個正在流行的內容中，吸引消費者來觀看！再進一步，待吸引了消費者後，可以通過保持長期互動來增加黏性，提高能見度及好感度。而且，在互聯網上那些迅速傳播的「事件」，大多絕非偶然，就像 2015 年初，「京東商城」的老闆劉強東和年輕的網路正妹章澤天「奶茶妹」分手事件，不只讓京東商城能見度大幅提升，其他跟著做廣告稿的公司，甚至京東的對手「天貓」，都在第一時間反應及傳播，雨露均霑。

當時，這個奶茶妹遭到網路起底，掀出一堆似是而非的事情，還被形容成「心機婊」，私生活感情史紛紛遭到爆料，感覺活像是個慘遭網路霸凌的受害者。不過，半年後，京東的老闆劉強東娶了奶茶妹，歡喜落幕。

我們不得不認為，有很大的機率，這個「京東愛情故事」，根本就是一個由京東商城主導企劃，「節操無底線」

了 解 當 地 ， 挑 戰 不 同

的行銷事件！（企劃單位竟敢拿老闆娘來玩，好大膽！）

大陸人在傳播上大量運用「自媒體」，而現在最受歡迎的自媒體就是「微信公眾號」。不過，「自媒體」的「內容」才是王道，而那個「內容」，可能是台灣人覺得不可思議，甚至是帶有傷害性的，只能說，大家的耐受程度不一樣。緊接著，我稍微簡單解釋一下「自媒體」傳播的公式給大家了解一下吧！

第一個C：創意

只要找到那個引動人心的按鈕，你就成功了。就像「京東愛情故事」事件中，漂亮年輕的奶茶妹和有錢大叔的戀情，事件本質就是讓人又恨又妒的，這樣的愛情組合一旦分手，勢必引發話題！而不管是無聊網友落井下石，還是其他公司趁勢行銷，奶茶妹都得承受這些紛紛擾擾卻不動其心。

第二個C：內容

將創意轉化成人人都能聽得懂的白話。所以，「京東愛情故事」分手事件由雙方刪掉微博留言開始，然後，有心人

士開始爆料，事件發展活像演八點檔連續劇一樣，一波未平一波又起，讓「京東商城」的能見度，至此開始不斷提高！簡直就像劉強東、章澤天擔任「京東商城」的代言人一樣！

第三個 C：傳播

運用所有可被運用的管道，包括大 V、明星的微博微信；包括網站、電視新聞、報紙雜誌等，同一件事卻在不同的管道使用同樣的「基調」做傳播，瞬間集合力量一起爆發！

第四個 C：商業化

最後，還是得回到銷售本身，在話題中植入品牌，提升轉化率和口碑。就像這次的「京東愛情故事」一般，而許多商家藉由同一組照片（劉強東及奶茶妹），放上自己公司的文案和 LOGO，業績頓時大爆發。這種侵犯個人肖像權的做法在大陸的草莽傳播世界中，爭議不大。

我再舉一個例子，「吉列的手動剃鬚刀」，這個品牌一直是大陸營銷上，被屢屢提出來討論的贏家。前年，「吉列的手動剃鬚刀」找來了一位兼具性感和話題性的 AV 女優蒼

井空當廣告代言人。

被大陸人稱為「蒼老師」的蒼井空，在自己的微博上提出問題：「我的作曲老師鬍子很長，想送他一把剃鬚刀，但不知道對男人來說，手動和電動哪個更性感呢？」

其實這當中隱含著相當強烈的性暗示！

緊接著，廠商以一系列互動性很強的玩法，邀請網友參與活動。而整個過程都圍繞著「性感剃鬚」做為話題點，最後再引入產品的電商平台。

當月，吉列的手動剃鬚刀銷量，再度創造了歷史新高。

第二年，「吉列的手動剃鬚刀」選擇的明星，是嫁給台灣男星趙又廷的玉女高圓圓！高圓圓是被大陸影迷認為是「美到無視覺死角」的大美人！這次，廠商使用了「偷拍私房視頻」的視角，被網友瘋狂轉發，病毒式地橫掃各大門戶網站、視訊平台、新聞頻道和微信微博，最後再把完整版的廣告放出，二次引爆，將銷量再次提升到新高點！

在大陸，營銷既不嚴肅也比較沒有道德包袱，這是讓人耳目一新的，畢竟整個活動看下來，既好玩也很有效果！這是我在內地學會的：打開視野，理解它、應用它。未來你若也要前進大陸執行營銷工作，請千萬要注意，不好玩的東西，不會被傳播！

大陸人在傳播上大量運用「自媒體」，而現在最受歡迎的自媒體就是「微信公眾號」。不過，「自媒體」的「內容」才是王道，而那個「內容」，可能是台灣人覺得不可思議，甚至是帶有傷害性的，只能說大家的耐受程度不一樣。

就是要追劇！
職場倫理戲碼上映囉！

誰說電視看多了沒好處？眉角人人會說，如何落實才是門道！

　　很多在大陸工作的台灣人，特別是外派到大陸的台灣人都知道，晚上下班後回宿舍看看 DVD，是一個安全、便宜也很有用的休閒方式。

　　不過現在大陸出現了小米盒子、網路電視，也未必需要DVD 播放器了。像我在大陸工作這幾年，因為下班時間都比在台灣早很多，加上人生地不熟，下班後又沒有太多的人際互動，於是，我跟很多在大陸工作的台灣人一樣，開始過著大量收看電視劇的人生……！

　　我想，在大陸工作這幾年，我所看過電視劇數量，恐怕遠比之前在台灣十年加起來還要多。

而說起我最喜歡看的劇種，一是「大陸拍攝的歷史劇」，這種戲劇通常場面浩大、劇情蕩氣迴腸，真的非常好看，例如「三國」、「康熙帝國」皆是；二是「美劇」，例如在大陸也十分風行的「紙牌屋」、「權力遊戲」等。直到後期我才開始看韓劇，因為是大陸人哈韓，唯有跟上潮流才有共同話題，所以一定要看。雖然這種說法有點另類，不過我覺得，在看過了那麼多的電視節目後，確實對我在大陸生存，幫助頗大。

首先就讓我說說，一到大陸工作就開始收看的「三國」。

劇情反映人生，現學現賣

「三國」其實已有好幾個版本，但我看的是陸毅、陳建斌的這一版，全劇將近一百集。很多當地人都覺得太長，很悶，但是對我卻是很受用。

一進入陸資企業，我就深深感受到那種人與人之間強烈的競爭（或是鬥爭），這跟台灣所崇尚的團隊合作，差距很大，所以即便是身經百戰的我也難免因此有些情緒波動。不

過，在收看「三國」的過程中，我開始慢慢了解到諸侯割據時，人人都拿既有資源交換合作及幫助，鮮少有人是無理由資助你的。換言之，「三國」的內容，其實已經清楚印證在目前的大陸職場中。

舉例來說，在「三國」劇中，一開始最沒資源的就是劉備了！可是當我看他在整個過程中如何地委屈求全？怎樣禮賢下士、求才？又是怎樣辛苦組建團隊？再看看諸侯間怎樣策略聯盟？怎樣利益交換？……每一項都徹底幫助了我調整心態，逐漸融入了我不熟悉的人際互動中。

如今回想起來，自覺當初在大陸職場中之所以能夠適應，「三國」這部戲真的幫了我不少忙！

而最近網路上瘋傳以下的文字，我也覺得不錯！文中道：

諸葛亮從來不問劉備，為什麼我們的箭那麼少？

關羽從來不問劉備，為什麼我們的士兵那麼少？

張飛從來不問劉備，兵臨城下我該怎麼辦？

於是：

有了草船借箭、

有了過五關斬六將、

有了據水斷橋嚇退曹兵……

趙子龍接到進攻軍令時，手上只有二十名士兵，

收穫成果時，已攻下了十座城池、

多了兩萬兵、增了三千匹馬，

然而軍令只寫著：攻下城池！

如若萬事具備，你的價值何在！

孫悟空是在取經的路上碰到的，

豬八戒是在取經的路上碰到的，

沙和尚是在取經路上碰到的，

小白龍也是在取經路上碰到的，

所以要碰到可以與你一路同行的人，

你必須先上路！

不是有了同行者才上路，

是因爲你在路上才會有同行者！

可惜好多人把這個道理、想反了！

這段話，我看了很有感覺，甚至有點激動！

歷數中國文學史上的鉅作，其實都飽含了豐富的人生哲理在其中！透過大製作、大成本的戲劇製作，讓觀眾更加容易消化吸收，並且因此想通許多人生道理。現在，對於想去中國大陸上班的朋友，我都會熱烈地推薦「三國」這部歷史劇。

我覺得，中國人的思維，歷經幾千年後還是有其脈絡可循，透過看完一齣好劇，可以協助我調整固有身段及想法。許多事情一旦想通了，其實也就順了！

劇情結合社會現況，打鐵趁熱活化業績

此外，休閒時除了看歷史劇，看美劇，對我也很有用處。

一方面，我在陸資的本土企業上班，使用英文的機會比較少，而第二語言這種東西，一旦久未使用就會全數忘光光，實在很可惜！所以，欣賞美劇，並且盡量強迫自己不看字幕，確實有助於維持英語能力。後來，當老闆要我幫他回覆美國投資人的英文信，或是去和BURBERRY的英國團溝通時，我自然就比較沒有壓力了！

而好友 Iris 送我的「紙牌屋」、「權力遊戲」DVD，前者劇情是講述白宮的職場政治，後者則是以帶有奇幻色彩的諸侯征戰為主軸，緊湊的劇情讓我更加明白「政治即生活，不懂政治便猶如不懂生活」，之後，在我面對很多無法理解的狀況時，我也更能夠儘速調適心情。

　　另外，與大陸 90 後的溝通，「娛樂性」也是非常重要的元素之一。於是，跟上一些正在流行的美劇、韓劇劇情，大家多半會比較有「對話、溝通」的基礎。因此，當我負責公司一條「韓風潮流」的產品線行銷時，我也開始涉獵韓劇！把網站打造成某一齣韓劇的唯美場景，銷售效果確實很不錯！

　　當「來自星星的你」風靡整個中國大陸，以「快時尚」為主訴求的本公司，緊急推出與全

了　解　當　地　，　挑　戰　不　同

智賢同款的「星星包」，一時之間，簡直是賣翻了！而「炸雞與啤酒」這句女主角經常掛嘴邊的經典台詞，也瞬間變成當時 MBB 官網的首頁關鍵字。

　　以這幾個經驗來看，在大陸工作，因為經常看電視，反而跟上了話題行銷，無形中促成了本身業績的成長！這種手法，我在台灣工作時反而很少做，此舉在中國卻大受歡迎，這無異也是身為行銷人的我，人生當中的另一個重大學習及意外收穫吧！

CHAPTER 3

體會 vs. 觀察

職場煉金術：
做人也是一門專業。

肯做事更要學做人，雙管齊下，無往不利！

　　根據我的觀察，相較於大陸，台灣員工加班情況比較嚴重。在我工作的陸資企業，就數「移動互聯網」部門加班最多，一周總有一兩次工作到晚上十一、二點，其他部門就還算好。不過，由於「移動互聯網」的興起，公司就算不加班，老闆還是會隨時遙控員工的。

　　在我們公司的高管階層，總裁、副總裁外加上九個總監，共同組成了一個微信群。

　　由於我的老闆是「單身赴任」，所以我猜想，他每晚肯定花了不少時間在關注「微信朋友圈」，並且收集其他互聯網公司的新消息。於是，他總習慣在睡前於群組裡 po 幾則

最新的互聯網營銷訊息；或是在早上七點他起床健身時，傳來一些新訊息。

這時候你會觀察到，當老闆頻度很高地傳微信，在我們九個總監裡，有人會回覆，有人則永遠無動於衷。

通常，一定會回的只有兩位。一個是我，一個是空降並被快速提拔的產品總監。

我會回的原因，一是我身為「市場部」總監，針對市場變化及創新手法本就應該要比老闆更關注。既然老闆都已經先傳資訊過來了，我又怎能裝死呢？（這其實是台灣人的思維，比較老實）。二是，老闆傳資訊過來，一方面是在教育我們，一方面也算是在釋放他的壓力。那……，我怎麼能夠無動於衷？

因為總是回應，我想，老闆也覺得比較高興。所以，不誇張，我和產品總監一直被老闆視為是關係比較親近的人。

而我也覺得，關係好一些，做起事來也會比較方便，所以，這是跟老闆建立良好互動的一個小技巧。不過，因為有時也會因為回覆頻度太高，總覺得似乎每天都「沒有下班」的錯覺。要克服這種感覺，在這裡我想提供幾個小技巧給大家。

回覆主管訊息是一門藝術

當老闆傳一則最新的消息及趨勢時，我會在簡單看過以後，擷取其中三點做結論，先「複製、貼上」，再稍微編修，表達自己看完這篇文章後的心得。做這個動作的意義是回應老闆傳過來的資訊，表達「收到」及「認同，有心得」，也是傳遞自己的積極度。當然，如果內容真的很受用，我也會試著在隔天上班時，與部門同事好好討論，看看是否可以納入執行的範圍內。如果真有討論出什麼眉目來，我也會順勢跟老闆回報進度。

站在主管的角度想，如果部屬有回應，他也就不用時時盯著，所以，回想起自己那兩年跟總裁的互動，的確非常好。

在移動互聯網時代，想要把工作和生活切割得很清楚，我覺得其實已經愈來愈不可能了！重點只是你目前「人是還在公司」或「已回到家中」？想出人頭地，還是得付出時間及努力，只是加班方法不太一樣罷了！

之前，公司裡最常加班的同事青木（二十七歲，移動互聯網部門經理），前幾天還在微信朋友圈裡發了一則訊息：

他寫道：「你看我都懶得在朋友圈抱怨，畢竟抱怨容易，解決很難，so 俺們還是整點兒積極向上的正能量吧，難道我們野蠻的生長和堅定的存在不就是為了每一天都能夠開心快樂麼？！」看到他用了「野蠻的生長」和「堅定的存在」這種說詞，我覺得實在很有趣。

超齡的成熟及社交手腕

青木是新疆人，出身於軍人家庭，一百八十幾公分的體格，本來是體育老師。他曾經跟我們分享他從小跟著軍人父親住在不同地方的經歷，他表示，因為是小孩子，所以對於老是搬新家和物資缺乏，沒有什麼特別感覺。

他從新疆到江浙滬一帶上班，一年頂多回家一次。在公司的員工特賣會，他買了二十幾個包包寄回去送給媽媽。一起出差到武漢時，雖然我拿得動我的行李，但只帶一個背包的他，一路上拎著我的小行李箱，十足男子氣概，讓我好感動！到了武漢，他也總是不怕路遠，主動地跑去買好吃的當地小吃請大家品嚐……

我還觀察到，他帶領部門非常有威嚴，雖然該部門常加班，但整體來說，部門成員還是挺有士氣的！而當他面對上司（很兇的官網總監，女性，二十九歲），也總是表現得不卑不亢的！但是內行人都知道，他是官網總監最大的競爭者，只是政治手腕相當厲害的官網總監，也拿他沒輒……！

　　我猜想，青木實際上是抓住了移動互聯網愈來愈重要的時代趨勢，他知道，只要他做得好，一定會得到最高層的提拔！除了專業上的精進外，他也透過有效的領導，帶領部下做出績效，並且適時表達出「對公司的向心力」及「最拼命的態度」給高層看！

而且，他平日對人也總願意付出，自然增加了不少仰慕者及盟友（例如我）！

　　話說到最後，這種超齡的成熟度及手腕，很難讓人想像他只有二十七歲……！

在移動互聯網時代，想要把工作和生活切割得很清楚，其實已經愈來愈不可能了！重點是如何抓住時代趨勢，只要做得好，一定會得到提拔！除了專業上的精進，透過有效的領導，帶領部下做出績效，適時表達「對公司的向心力」及「最拼命的態度」，平日對人也願意付出，未來肯定會增加不少仰慕者及盟友！

台灣人在大陸，
如何快樂工作？

入境隨俗絕非空話，放開心胸才能容納百川⋯⋯

2013 年初，我來到中國大陸的嘉興（嘉興，在上海虹橋機場二十七分鐘高鐵可達之處，屬於浙江省），開始了我在陸資民營企業互聯網公司為期兩年的工作。

其實，會投身大陸職場，是我自己想都沒想過的事情。說來有點好笑，當時，我只是趁著工作空檔，想要測試一下自己在大陸有沒有競爭力，以及考驗自己的面試能力（因為我在台灣也是教求職面試的老師，在大專院校教過數百場求職技巧，曾被網友嗆：妳有辦法到大陸面試嗎？激起我的好勝心⋯⋯哈！）。沒想到，在經歷一番複雜的求職面試過程後，竟然就順勢投入了這個相當陌生的工作場域中！回想這

兩年來的經歷，還真的有不少可與大家聊一聊的心得感想呢！

MBB，我上班的這間公司，2008 年成立，是大陸領先的時尚箱包互聯網公司，也曾是淘寶上箱包品類的第一名店家。在公司急速擴張階段，員工數曾經高達一千八百人，產能最大時有九十六條產品線，員工據說可以坐滿四層樓，公司規模可說是曾經「野蠻生長」了一番。

但是當我 2013 年進入公司時，公司卻已歷經了兩波的大裁員及兩波中裁員，我的頂頭上司，新任 CEO，是 MBB 公司之前的營運長（更早之前則是擔任財務長），而原本的老董（前任 CEO），則在改朝換代中，失去了經營權並且退居幕後⋯⋯。

在公司當時剩下的四百人中，只有我一個是跨海而來的台灣人，據後來一些相處得還算不錯的同事透露，我剛進公司時，就有很多人在打賭：「看看這個台灣人會做多久？」這也難怪我剛進去時，雖是市場部大主管，帶領二十個部下，但過程中卻總是覺得，即使是自己部門的部屬，也不是很想理我⋯更別說是其他部門，冷眼旁觀的居多。這在台灣，還真是我未曾體驗過的震撼教育。

體　會　vs.　觀　察

不過俗話說得好：「心態對了，事情才會對。」因此，我的第一步就是調整心態。一個台灣人當槍匹馬來對岸工作，想要活得好，首先一定要拋棄「我們比較好」的自大心態，改用不同的角度看待問題，而這樣的心態確實幫助了我在面對問題時，萌生度過難關的「意志」。

來自台灣，不見得比較佔優勢

其實，到大陸工作之前，我一度以為，既然自己是被挖角到陸資企業的台灣人，所以肯定會有特殊待遇。但實則不然。以我們公司而言，九個總監分別來自五湖四海，像是北京、重慶、新疆、大連……等地，曾經還有一位高管是留學並移民紐西蘭的湖北人，英文非常好，看起來更是比我見識廣、學歷高！

所以，講白一點，雖然我跨過台灣海峽來到大陸工作，直飛也只需要九十分鐘！若說得更粗暴一些，老家在重慶的技術總監，飛回家也不過只需九十分鐘，更何況飛機還是班班誤點？在機場等上幾小時還算常態呢！所以，這些來自外

地的高管，每個人都離鄉背井，有些人的家鄉比起台灣還更遠，感覺自是更為辛苦！

而說起那些遠從新疆、重慶來到嘉興工作的高管，一年回家次數不到兩次，然而每個人均身懷絕技，無論是專業、人脈、付出，都不比我差。所以我想說的是，台灣人的身分並不能證明我們比較優秀或辛苦，在這種情況下，我當然不會得到特別待遇。

不過即便如此，還是有許多同事會對台灣人感到好奇，深入接觸過後，我也確實發現有幾位同事來過台灣，對台灣的印象很好。而且，我剛報到時也確實受到老闆秘書，湖南姑娘楊珮的大力照顧，不但幫我找到房子安頓，甚至還帶我去商場購買日用品，後來，我們自然成為很要好的朋友！

放下本位主義，心態擺正

說起這個湖南姑娘，音量大，講話很嗆辣，若你跟她不熟，肯定會覺得她很兇，怎麼連說個電話都像在吵架？其實，她就是一個很直率的人，跟我後來碰到的許多「雙面刀鬼」

體　會　vs.　觀　察

比起來，她反而是最好相處的。

我的建議是，要懂得入境隨俗，先放下自己的台灣思維和心態。看到不一樣的情形時，先別急著下評論。而且，會對你客氣的人不一定是好人……。

那麼，究竟要如何放下主觀、本位的台灣思維和心態呢？我的建議是：

1．放假不要宅在家

很多台灣人到大陸，只看台灣的電視，讀台灣的報紙，吃台灣的小吃，在台資公司工作，身邊的朋友也都是台灣人。

但是我在大陸工作時，因為沒接 CABLE，所以無法看台灣的電視劇（但大陸正火的韓劇、美劇、歷史劇武媚娘傳奇等也沒少看！要不然，會無法與當地人對話！）沒辦法閱讀台灣的報紙（但每天看微信公眾號，這樣信息量也非常大了！），吃的也是當地食物（但因為我的確吃不慣，所以改為經常在家裡隨便煮來吃）。

加上因為在陸資公司工作，身邊的朋友很少是台灣人。

我所溝通的上司、同事、部屬，以及所面對的客戶、供

應商等都是大陸人，如果不了解他們，那就很難拉近距離，進而促進與提升彼此間的交易或管理上的關係。所以，和他們多互動，中午一起去食堂吃飯，周末時去坐坐當地的公車，擠擠地鐵，試跟著大家一起嚐嚐街邊小吃等，這些我們在台灣會做的事情，其實來大陸一樣也可以做做看。

2.多交一些大陸朋友

來到中國大陸以後，因為工作的關係，我認識了不少大陸朋友，也有幾位成為了我真正的好朋友。

我覺得透過與他們的相處，或觀察他們與家人的互動，最容易直接了解大陸人的價值觀及喜好，他們對於事情的觀點和看法，都是我們之後無論是要創業，或從事管理職時的一項重要資產。

曾有一天，我因為誤喝了已經壞掉的酒，當晚天旋地轉、上吐下瀉，甚至短暫的失明！幸好，休息了一會兒便好了！但因為從未碰過這種狀況！自己也嚇到了，於是在隔天上班時，我馬上準備一副備用鑰匙給了坐我旁邊的同事櫻蘭。櫻蘭是位嘉興姑娘，她是我經過了一段時間的相處與密切互動

後，深深感到是我這輩子見過最靠譜（最值得信任）的人之一。所以我相信，在外地工作還是有機會交到好朋友。反過來說，凡事將心比心，勿交損友，睜大眼睛觀察後，用心去結交，才會得到貴人、益友的幫助。

因為在互聯網行業工作，同事多半很年輕。因此，千萬不要倚老賣老，我的經驗是，多去理解年輕人的想法，這將有助於你迅速融入這個大時代的脈動中！此外，透過社交活動建立人脈，也是一種「行動力」！愈是在愈繁榮的城市，愈是要多多參加聚會、社團，或是擔任義工、建立人脈，這些都能幫助你收集資訊及認識不同的人。許多工作、創業機會往往都埋在裡面，不過，這些都還是得靠你長期付出努力及投入才行。

3. 開放看待兩岸文化差異

還記得自己一開始到大陸，看到交通混亂、買高鐵票時的插隊人潮、女人比男人更兇悍，還有，在上海永遠搶不到計程車時，總覺得很煩也很驚訝。

但是，這些事情目前都在改進中。

例如上個月，我到上海浦西，竟然就有人禮讓我先搭上一部計程車（其實她比我靠近那部車），我驚訝之餘，她還說：「沒關係，應該的，我看到是妳先叫車的」這樣的舉動讓我頗為驚訝！此外，我在大陸兩次租房子，前後兩個房東。第一個是開旅行社的女老闆，生性非常油條，也很能幹，非常會忽悠人，感覺的確不好。另一個則是在中國移動電信工作的女高管，年紀比我還輕，做人非常客氣，有氣質，給我留下非常好的印象！我們到現在還是微信上常聯絡的朋友。

我的台灣男性友人曾經告訴我：「台灣女生通常比較溫婉，倒是大陸女孩子是會罵人、當眾吵架的，當她們感覺自己的權利被侵犯了，一定會嚴厲斥責你，不論是在職場上或在生活中。」

「很多台灣男生看到這個現象，會覺得大陸的女孩子原來都是這麼凶、難對付，但這其實跟大陸從文革時代以來，在政策、法律上一直積極推動打破男女之間所謂的階級，所謂的男女不平等有關，所以造就了如今這種現象。」

「如果你理解了，那麼當你之後在職場上遇到女部屬有這種驚人反應時，你就不會覺得不合理，甚至還願意理解她

們。在中國，男女平等這件事確實超越台灣很多年，若從這個角度去想，在男女平等的前提下，要嘛是接受，要嘛就去改變，改變環境是很困難的一件事，既然來到大陸，要學習的只能是接受環境，改變自己。」

我覺得他講得很對。

而我的經驗是，大陸女性除了本就比較強勢之外，音量也是一個原因。所以，千萬不要因為她們講話好像比較兇，就以為她們在吵架，因為這往往只是在「正常地對話」而已。

4. 積極自我提升

很多來大陸工作的台灣人，認為自己有著各種方面的優勢，其實在大陸現在非常開放的就業形勢下，加上在強烈的企圖心驅使下所付出的學習努力，我覺得，台灣人已不再具備甚麼多大的優勢！所以，大家若不注重對自己的投資，我覺得一定會很快地就被當地人才超過。

此外，因為是互聯網時代，接觸、吸收資訊的管道、機會非常多，建議大家要有目標地自我提升，並且能夠將它應用在實際工作中，這對你我將是非常重要的一環。

5. 善用社交平台資源（特別是微信）

其實在中國大陸發展，建議大家不妨多利用社交平台資源，這可是最便宜又快速的捷徑。雖然有很多人在微信朋友圈上賣東西，看似挺煩人的，但那也無妨啊，你就把他們拉黑、屏蔽即可！但是透過這些奇奇怪怪的事件，你的學習管道也會因此變更多。像我個人就有加入三個微信平台上的三個網路商學院，在上面聽到很多大公司市場部總監、產品經理，甚至是創業家、CEO 的第一手資訊分享，收穫非常大！

當然，大陸也有很多實體的培訓課程，或是小型的座談會，其中尤以一線城市格外的多！建議你不妨多加篩選後參與，一定可以得到很多收穫！

透過社交活動建立人脈，也是一種「行動力」！愈是在愈繁榮的城市，愈是要多多參加聚會、社團，或是擔任義工、建立人脈，這些都能幫助你收集資訊及認識不同的人。許多工作、創業機會往往都埋在裡面，不過，這些都還是得靠你長期付出努力及投入才行。

行動篇
Action
▼

體　會　vs.　觀　察

沒朋友就沒工作，
大陸職場實境秀！

唯有與人正常、良好地互動，這種關係才可「長治久安」。

　　那天在微信朋友圈看到著名 IT 評論人李煥新先生發表的一篇短文，他在「三表龍門陣」上發表了一篇標題為「慘！沒朋友就沒工作」的文章，我覺得很有意思。他說：

　　「阿表工作這麼多年，有點不走尋常路，一份簡歷也沒投過。第一份工作—某生活類雜誌的主筆，朋友推薦的；第二份工作—動漫公司的公關總監，老闆是我博客的讀者，挖我過去的；第三份工作—某公關公司內容總監，是前領導介紹過去的；第四份工作—藝人，這是我天賦使然。

　　我大四的時候，因爲是建築類畢業生，都是用人單位上

門來招聘。我由於學藝不精就沒參合。後來看舍友們去了中鐵這局那局的，我也慌了。跑過一回人才市場，那地方人山人海，我打眼一瞧，沒見著半個伯樂，便發誓再也不去了。

不是所有人都有我這樣的實力，多少都投過簡歷，尤其是初入職場的階段。現在不一樣了，想找工作了都愛問問朋友有沒有門路，朋友給助攻一下，比你吭哧吭哧美化半個月的簡歷都好使。這年頭，誰沒在朋友圈發過招聘需求，誰沒在朋友圈為某個招賢榜熱血沸騰過？

找不到工作的原因除了實力外，還能證明『人緣不好』這個殘酷的事實……」

李煥新先生，應該是大陸的 80 後。雖然他的遣詞用字很隨興，但我看了覺得很有意思。他的第一份工作：生活類雜誌的主筆，是「朋友推薦」的，第二份工作：動漫公司的公關總監，老闆是博客的讀者，挖角他。

從這兩個經歷推測，李煥新先生的文采豐富，在很早就經營博客（自媒體）有成。從這點可以得知，自媒體就是個人的廣告，你放什麼內容，就增進他人對你的認知。

行動篇
Action
▼

體會　vs.　觀察

他的第三份工作：公關公司內容總監，是前領導（前任上司）介紹過去的，從這點可以得知，他和上司的關係維持得不錯！而且，前領導（前任上司）也對他的工作表現是肯定的，這也就是說，我們在找工作時的「推薦人」，往往是前一份工作的上司幫你所做的背書，這對後面即將錄用你的上司而言，是最有說服力的推薦。

用心經營自己，多方結交益友

至於他所下的標題「慘！沒朋友就沒工作」，表面上是要大家多交朋友，但我覺得意義不只是像標題那般簡單。

我認為，他的第一個重點是：和朋友的「正向關係」很重要。

在推薦工作時，朋友也擔負了一部分的「風險」。那為什麼朋友還願意推薦你呢？我想，那是因為他對你這個人、對你的工作品質有信心，再加上企業人才難尋，所以如果有好的人才，推薦一下，何樂不為？（更何況若是稀缺人才，有些企業還會發獎金呢）。但是反過來說，你和朋友之間若

沒有經營「正向關係」、「信任關係」，通常朋友也不會推薦你。

第二個重點是：經營「自媒體」，要掌握內容。

「自媒體」就是自己的廣告版位，你必須「思考」該放什麼內容。幾年前，我在台灣工作時就已經講過，很多面試官和老闆們會透過「求職者臉書」來了解求職者的性格及能力。果然，在大陸也一樣。如果在自媒體上傳遞了自己的能力、性格、知識……等觀念，這對急於求才的老闆們來說是極富吸引力的。但是如果在自媒體上傳遞了負面情緒和價值觀，當然也會傷害到自己。

說到這裡，倒讓我想起一個很有趣的例子。

幾年前，我曾想僱用一位求職者，但在通知他來面試前，我先上了他的臉書看看。結果，他在自我介紹那一欄裡寫下：「我是一個怒點很低的人」。一看到怒點很低？？我心裡有點害怕，所以也就沒有邀請他來談了。

如果你在這些社交媒體例如臉書、微博、微信、LINE上，一直傳遞的是你的抱怨、不順、壞心情，那麼往往會趕走很多好機會，這確實是一個千萬要謹慎應對的禁忌！

行動篇
Action
▼

體　會　vs.　觀　察

第三個重點，則是維繫關係的重要性。

我在前面幾篇曾經講過，如果連前任上司都願意幫你背書，那可是很有說服力的。其實也不只前任上司才有力量！如果是前公司的「其他部門主管」，甚至「合作夥伴」的背書、推薦，我覺得也挺有效的！

還有一種朋友，也可以多結交，就是獵人頭職業的朋友。

我的朋友，兩岸知名的獵才顧問黃至堯先生曾經告訴我台籍經理人進大陸工作四個策略：

第一：是跟熟悉的「獵才顧問」維持良好的互動及關係！一旦「獵才顧問」手上握有好職缺，肥水不落外人田，一定會優先給經常保持互動的人。

第二：和過去的主管保持良好互動，如果你有能力，又和過去的主管有「信任關係」，當他進入大陸需要人手時，自然會想到你。

第三：參加大陸的 EMBA 研讀，雖然學費都不便宜，但報一所大陸當地的 EMBA 學校，會遇到很多同質性高的同學，機會當然多！找工作，人脈經營很重要！

第四：網路資訊非常發達，所以，一定要好好善用工具！在大陸，用社群網站把過去的人脈、資源串起來，提升自己社群網站的能見度，這跟好好寫履歷是同樣重要的！

另外，黃至堯先生還告訴我：「一旦對方因為資訊或某種原因跟你成為『利益共同體』，未來他也會回饋你資訊及機會。在大陸的商業環境，『利益共同體』是最緊密紮根的人脈關係之一！」

的確，人脈等同於錢脈。

在大陸，尤其是如此。

建立人脈也是幫助個人事業、幫助業績成長的一種方式。透過社交活動建立人脈，是一種「決心」加上「行動力」的做法！而且，你愈是經常參加社交活動，就愈容易克服個人性格上的因素，以及這種跟他人交際的壓力！只要熟練於這種人際往來的原則，你就能夠在社交場合上更顯自信與活躍。

參加聚會、社團、擔任義工、建立人脈，以及與人為善，都能為自己開啟更多扇的成功大門。只有用正道去發展正

體會 vs. 觀察

常、良好的關係，這種「關係」才會長久。

　　說真格的，這篇文章所下的這個標題「慘！沒朋友就沒工作」，倒還真的傳達了不少事情！

在大陸找工作，常常是透過人脈的，所以，

1.　和朋友的「正向關係」很重要。

2.　經營「自媒體」，要掌握想要傳遞的正向內容。

3.　維繫關係很重要，特別是跟熟悉的「獵才顧問」維持良好的互動及關係！

4.　在大陸的商業環境，「利益共同體」是最需要緊密扎根的人脈關係之一！

加班？不加班？
箇中學問大囉……

「加班」其實是一種勞資雙方的較勁，更是兩岸通用的模式，如何當做籌碼靈活運用，就看你有多聰明！

　　話說台灣四、五年級的老闆，往往會以員工的加班意願及長度來判斷員工對這份工作的「投入程度」及「忠誠度」，並且用以評定員工的價值。

　　至於大陸老闆怎麼想？根據我的觀察，許多大陸高管也會希望員工加班，但情況不像台灣這樣嚴重。在互聯網時代，大陸老闆下班時間要找你，往往也大量的用微信等通訊軟體，員工在下班時間用微信跟老闆會報及溝通，應該也算是一種加班吧！

　　我之前任職的陸資企業，員工四百人，而當紅的「官網」部門，加班情形特別嚴重。不過據我了解，加班其實不脫以

下有兩種情形：

其一，故意做給老闆看

　　因為總裁希望看到全公司同仁更加努力拚搏，所以，他曾經多次在經營會議中提出：希望各部門總監們，多給部屬一點壓力！於是，便發生了一個很有趣的現象！

　　每個月，總有幾次總監群的會議改在「晚上」（也就是下班時間）召開。然後，當天晚上，全公司加班的人數馬上大大增加……特別是明星部門「官網」，幾乎全部門同仁都在加班，非常壯觀！

　　而根據某些不滿的同事爆料，在總監群開會的「晚上」，因為老闆都會在，所以即使工作已經完成，部門主管也會要求員工留下來加班，主要的目的無非是做給大老闆看，甚至還要擺出非常忙碌的模樣。總之，表面功夫可說做到家囉！

　　而官網部門也幾乎是年年尾牙時獲獎的「最優秀部門」，主管升遷特別快，獎金也特別多。由此可見，以「加班與否」做為評估員工是否努力的標準，這是兩岸皆通用的模式，只

是，以加班程度而論，我認為還是台灣比較嚴重。

其二，為「成就工作」心甘情願加班

其實，大陸同事為了實現「工作的成就感」心甘情願加班者也是有的，相較於台灣，大陸同事的加班，通常更加「目標導向」。

就拿我們公司的「移動互聯網」部門來說，雖然隸屬於官網，但因為受「互聯網」時代的潮流影響，已然成為近一、兩年公司特別重視的部門。「移動互聯網」部門的同事都很年輕，但是因為感受到公司的重視及升遷快速、加薪等誘因，該部門同事真確實都很拼命工作。而其部門經理，原本從事的雖是與網路毫不搭嘎的體育老師，不過因為網路企畫力十足，因此即便才二十幾歲，卻已經確掌握了「移動互聯網」時代的趨勢，明白自己具備何種優勢，在管理及向下管理上都很有一套，其聲勢甚至凌駕在官網總監之上。

以上談論的是加班。

不過，大家可千萬別以為在大陸的職場上，「不加班」

的人就沒有企圖心了。

大陸同事即使不加班，其下班後的積極狀態，可能比上班還活躍。換個說法是，在中國大陸，「關係」是重要的。所以，有企圖心的大陸同事們，下班後最有可能的活動像是：

1．下班後，廣結人脈、交朋友

有企圖心的大陸年輕人，下班後經常參加各種社團，拓展人脈及機會。

我當時的直屬主管 CEO，並非常常泡在辦公室不回家的工作狂類型。我觀察他下班後，經常和行業的人互動聊天，或是跟公司的總監們聚餐及打牌，雖然沒有留在公司加班，但我認為，他的下班休閒活動，都是「社交」大於「玩樂」性質，既有「團隊建設」的概念在，也可趁機透過交際掌握必要的資訊，或是結交人脈。

2．下班後，面試新工作

有企圖心的大陸年輕人因為想賺多一點的錢，隨時都在留意是否有更好的機會。特別是在一線城市，如果待在一個

公司太久，可能不會被認為是擁有「忠誠度高」的優點，反而會被認為是缺乏升遷機會，所以停滯不前。

特別在大城市，機會特別多！很多新創公司連「JOB DESCRIPTION（職務內容說明）」都沒有！！新創公司只要是人才，都想要網羅。所以，有企圖心的大陸年輕人也不介意到處聊，找尋新的機會。

3. 下班後的學習

由於現在是移動互聯網時代，很多的社交或學習機會，也可以在微信社群裡完成。我因為就是互聯網公司的市場部總監，需要掌握時代趨勢，所以自己就參加了好幾個「微信上的商學院」，每周總有兩天在線上學習互聯網營銷知識及互相討論，有些互動多一點的朋友，後來還變成好友及資源、資訊的提供者。

其中最讓我感到驚訝的是，這群參與者的好學及旺盛企圖心。其中一個社團，每週四晚上老師分享完後的成員討論，竟然可以達到半夜兩、三點還繼續討論！都不用睡覺的嗎？這種學習的熱情真令人佩服。

4．重視「高顏值」及健身

根據我的觀察，有企圖心的大陸人非常努力運動！可能是因為競爭激烈的環境，他們有意識到一個好的外表來展示競爭力，而健康的體魄也是支撐職場續航力的重要關鍵！

所以，在大陸的職場下班後的「鍛鍊」是很風行的！當時我的老闆也經常不客氣地叮嚀我們要運動及減肥，並且祭出「減肥成功的獎勵措施」，這在台灣是很少見的！

大家可千萬別以為在大陸的職場上，「不加班」的人就沒有企圖心了。

大陸同事即使不加班，其下班後的積極狀態，可能比上班還活躍。換個說法是，在中國大陸，「關係」是重要的。所以，有企圖心的大陸同事們，下班後，也有「另類的加班」，也是為了職業前途而做努力！

「人在囧途」
不只是電影……

中國幅員廣闊，交通、氣候是最考驗人的課題，既然來到這裡，勸你就……別躲了！

　　如果你問我，台灣人在內地生存最重要的能力是什麼？

　　我第一個直覺的回答絕對是「適應力」。

　　話說「適應力」含括許多層面，但對我而言，有兩件事情是首當其衝的壓力，這是我過去從未想到的事情。不過後來仔細想想，任何人到大陸工作，肯定都要熬過這兩個關卡，幾乎無人可倖免。

　　一是「氣溫」。

　　二是「交通」。

激烈氣候讓人難招架

回想起我到內地工作的第一年夏天，就碰好遇上了台灣很罕見的攝氏四十幾度的高溫。我還記得，就在某個三伏天的周六假期，我很想到租屋附近的巷口吃碗麵。但沒想到的是，尚未走出社區大門，我的汗就已經狂飆到讓手巾完全濕透，幾乎是已經可以濘出水來的毛巾一般，而那種飆汗的速度也讓我感覺全身好似快脫水了一樣，可怕極了！所以，雖然很餓，但我也只好馬上折返，回家沖涼！

以前總覺得台灣的盛夏熱翻天，直到我來大陸的江浙滬一帶工作，方才知道「寶島四季如春」這句話絕對不是蓋的！

而中國大陸夏季的另一個可怕的事情是暴雨！我還記得第一次在上海進棚拍商品，就遇到了淹及小腿的暴雨！嚴重打亂了整個工作計畫……！

到了冬天更是難受！

大陸的江浙滬一帶，不過十月底，我就常覺得冷到快昏過去了，不過，即使已像台灣的冬天，辦公室卻可能還沒開暖氣空調，所以每到晚上開會時，我的牙關總會忍不住地直

打顫！還記得 2014 年的雙十一，我接受媒體採訪到半夜兩點，待訪問結束後一個人摸黑回到租屋處，開門時突然覺得有一股冷颼颼的風飄過來，那既黑又冷的場景，如今回想起來還是覺得好可怕。

還有一次，記得當時天氣好冷，熱水器突然壞掉，加上插座浸水造成大跳電，所以，連暖氣及電燈也不能開，我包著厚棉被，看著外面的大雪，等電快點來……，這情況還真是糟糕！

不過，在大陸工作，四季氣候更迭是一定會碰到的狀況，所以，一定要趕快想出解決方法才行，例如在大陸天氣最熱的三伏天，網路上多半會流傳各種養生方法，包括吃什麼？喝什麼？身上要準備什麼藥品？以及各種預防中暑的方法等，我覺得不適應當地溫度的台灣人千萬不要太鐵齒，一定要參考遵行之。

而天氣變冷起來更是嚇人！

我的方法是，採買很多插電加熱的熱水袋，家裡、辦公室、開會時都要預備著，這個小玩意真的很管用。只不過要注意的是，熱水袋品質有好有壞，千萬不要貪小便宜，因為，品質不好的熱水袋容易爆破，燙傷皮膚，或是充電時，造成全辦公室跳電，引起公憤，這也是經常有的事情。

此外，出差時若未事先做好規劃，你肯定會有意外的痛苦等著讓你傷透腦筋。像我便曾在風雪交加的北京機場外，因為攔不到計程車到下榻的飯店而大吃苦頭，後來才知道該機場也有「室內」招計程車的通道，可以免除風雪中攔不到車子的痛苦。

出門在外本就很辛苦，如果加上身體不舒服就更淒慘了，所以，冷熱問題說起來好像沒什麼？唯有親身經歷過，才會知道什麼是需要預先準備的。

總是在打結的交通，考驗智慧與耐性

另外有關交通，也是到大陸工作的台灣人一定得克服的

困難。

　　中國幅員廣闊，下車後步行三十分鐘到某約定地點，在台灣或許是少見的，但在大陸，其實也只能算是小兒科罷了。另外像是在一些一級城市如上海，想要隨處攔輛計程車恐非易事，由於現在有滴滴打車和 UBER，也可解決部份攔不到出租車的困擾了。

　　如果搭飛機，「萬一」「準點起飛」，可說是「人品大爆發（當地用語：運氣超好的意思）」！因為，在大陸，飛機延遲起飛才是常態。我第一次坐飛機到廣州，上飛機就在機上等了兩小時才起飛！回程也一樣，在艙門關起來後等了兩小時才起飛！而且，等待兩小時，是屬於一般人「還可以接受的狀態」！

　　所以，身上有智慧型手機並有「吃到飽的網路套餐流量」，或準備有已經下載的幾部好電影，是很多人出差會事先準備的事情。

　　大陸飛機延遲起飛的原因很多！通常是因為空中管制、軍事原因、天氣原因和航空公司的原因。所以，如果是重要出差，絕對必須把延遲起飛的狀況考慮進去，提早出發，以

體　會　vs.　觀　察

免耽誤了重要的事情。

上班族「錢多、事少、離家近」的期望，在大陸職場是「根本不存在」的。我的同事裡，多得是遠從新疆、蒙古、大連來的，一年頂多回家一次！地理的遙遠對大陸人來說是常態，對台灣人來說卻是比較難以克服的事情。其中，心理預期的落差及體力是否能應付，就是長途跋涉的考驗。所以，平日鍛鍊身體，還有，長途旅行時的充分規劃及提早出發，都是在大陸工作時應該要注意的事項。

我認為，在中國發展，「移動力」是非常重要的能力。

在去年冬天，由於參予了公司校園活動，我一個月之內跑了南京、上海、武漢、合肥及北京、天津，當時氣候非常寒冷，但是，時間就定在冬天，這實在也沒有辦法。由於中國大陸的幅員遼闊，飛機又經常誤點，如何能在「準時到達」，是一大考驗！因此，如何能夠有效的利用時間，在最短的時間出發及到達，順利完成任務？就成為一個大學問。

還記得以往在台灣工作，我總能夠好整以暇地出差，反正去哪裡都不會太久。然而，相較於在中國大陸，五到六個小時的車程，或在機場等飛機五、六個小時，可以說是家常

便飯。所以，如果我不願意出差，或是我害怕出差，或是我身體不夠好不能常出差，大概就很難在大陸存活下去！

其實，體質上特別怕冷的我，常常覺得「人在囧途」不只是電影……

在大陸工作，適應當地氣候環境是一定要落實的功課，奉勸大家千萬不要太鐵齒，一定要順服著點比較保險。

此外，「移動力」是在中國發展時非常重要的專業技能，如何能夠有效的利用時間，在最短的時間出發及到達，順利完成任務，這就是一門顯學囉。

「三寸不爛之舌」是需要練習的！

從今起，請開始與人對話吧！解開束縛，真實表達自己，成功已在不遠處……。

　　說起我之前那些大陸同事們的口才還真不是蓋的！即使我在台灣也算是被人認為表達能力好的，但若放在大陸職場中來看，我自認「不錯的口才」，也只能算是小兒科了！

　　「敢言」是我那群大陸同事的特色，敢於大聲發表意見，開會時更是如此，加上態度非常有自信，即使內容不見得到位、靠譜，卻仍然振振有詞地清楚表達，總之，光是那股氣勢及自信就很有影響力。即使過去我經常參加電視節目錄影，也曾有被名嘴包圍的經驗，「說話」對我而言，應該是強項。但是一到大陸工作，也頓時被大陸人的口才震攝住。

　　在大陸職場，如果能用語言準確表達自己的想法，的確

可以幫助你建立人際關係，給人留下深刻印象。

我舉一個大家比較熟悉的例子。

不知道大家有沒有收看「中國好聲音」節目？我建議大家在欣賞參賽者的歌聲之外，可以留意一下每位參賽選手後面講的話！雖然他們的年齡一般來說都滿年輕的，但是，那種說話的邏輯、表達，都讓人印象深刻！你會發現，愈到比賽的後期，選手講得愈好！所以，不只是歌聲，其口語表達能力，也是讓自己閃閃發光的絕佳武器！

而鍛鍊自己表達技能的關鍵就是：練習。

我認為練習有兩個方向，人人都可以做。一是抓住「公開表達」的機會，二是「多聊天」。

如果你問我，培養哪一種「能力」可以為自己的職涯開啟更多的機會？我首先推薦的就是：可以在大眾前侃侃而談的能力，也就是「公開演講」。

公開演講不只是站在講台上對著眾人說話而已（但是這種難度最高），還有在公司內的會議（你要說服一大堆不同意見的人），以及對客戶做簡報（客戶決定要不要買單）等皆是。也許是面對面的形式，也許是透過視訊會議的模式，

體 會 vs. 觀 察

也許是講電話（一對一、一對多）等等，就看實際狀況而定。

公開演講的能力，是發揮自身影響力，進而說服他人、激勵他人的一種能力！它是一種溝通能力，一旦可將自身影響力發揮出來，各種機會也就肯定變多了！

公開演講的優點很多，但竟高居美國人十大恐懼之首。以我個人的經驗，想要表現得體，唯有經常練習！而在公司的內部會議，就是你練習的開始……。

只要不斷練習，公開演講就會變成你的能力，而且，這種能力會不斷增加，因為你會克服恐懼，愈來愈有自信。當自信心建立起來，公開演講的影響力就會更大，機會也就愈來愈多。

話匣子不好開，因人而異就是

我曾跟一個成功的企業家吃飯，他告訴我：「與人聊天的價值非常高。」聽到這位非常忙碌的企業家這麼說，著實讓我驚訝！不過仔細想想，我還真得承認他是對的！

成功聊天的關鍵不只是談話而已，而是建立彼此間好的

感覺、關係，讓雙方產生延續性及繼續發展的可能！你可別以為與人聊天是與生俱來的能力，它其實是後天訓練下的能力，而且是一種愈練習、愈高明的能力。

事實上，聊天的能力就是與眾人談話的能力，也是溝通能力！溝通能力當然是職場上最重要的能力之一，它並非人人都能掌握，特別是在面對陌生人或不熟悉的人時，難度往往更高！

面對不熟悉的人時，光是要怎麼「打開話匣子」？就是個挑戰！如果你知道多數人最喜歡的話題就是「自己」，那你不妨試著展現對對方的關懷及興趣來打開話題！例如你和對方都養了寵物，你就可以聊聊寵物話題，這就有一個融洽談話的開始！透過發問輕鬆的話題，可以讓對方多聊聊「自己」。

不過，別人在講話時，請不要很無理的貿然插入（即使自己覺得心有戚戚焉或是不認同對方說的，也不要這麼做…）。有個朋友，每次聽到別人說甚麼，他都要插嘴：「應該說是……」，好像別人都不對只有他對一樣！偏偏那些資訊又比較舊！久而久之，大家就覺得他很囉唆。

體 會 vs. 觀 察

愈是不敢開口的對象，愈要張嘴

此外，你可以試圖找到彼此的關聯性與共通點，拉近彼此距離，例如你可以詢問個人嗜好或興趣，這種有技巧的聊天，可以讓人感到輕鬆愉快，還能找到共通點，和對方打下良好關係！

再者，「讚美對方」也是聊天的好素材。在我的經驗裡，誠心讚美對方的工作成就或特質，效果通常很好！讚美對方的外表，當然也是很有效的。大多數的人往往都沒有得到過足夠的讚美，換言之，讚美是永遠聽不夠的，所以，「誠心讚美」是人與人之間溝通很好的潤滑劑，有助於建立彼此的好感度！

懂得聊天的人通常都很會說故事，所以，多方吸收資訊，閱讀雜誌、報紙、收看談話性節目，準備幾個幽默的笑話，幾個有趣的話題去參加派對，會讓你比較容易成為受歡迎的人！

不要一臉索然無味地坐著當壁花，若真如此，那還不如別出門算了。當對方說話時，保持一個興味盎然的笑臉，專心聽，也很鼓舞對方！因此對方感到與你有共鳴……產生

好感度！一旦你吸收了很多資訊，與人聊天就會變得容易許多！

　　從今起，請走出去，開始與人對話吧！解開自己的束縛，真實地表達自己，成功已在不遠處……。不過，學習傾聽，也是與人對話重要的一環！「說與聽」是同樣重要的事情。

　　聊天不只是與人說話而已，如何建立彼此之間友好的感覺、持續互動，處處都是學問！這也不是與生俱來的能力，是需要後天下苦功練習的技能，而且是愈練習、愈高明的專業技術。

體　會　vs.　觀　察

只為求一個機會！
那就勇敢說出來吧……

多吸收、多練習、打開心胸、勇敢「講出來」。

以前在台北的麥肯廣告同事 Ted，現在到了北京的 4A 廣告公司擔任創意總監。他在微信中跟我聊到，雖然大陸年輕人都很會講話，感覺每個人都是辯才無礙、口齒伶俐，不過，Ted 私下透露說：「說的多，做的少！說的比唱的還好聽！」語氣中頗有不以為然的意思。

坦白說，根據我在陸資企業和幾百個大陸同事長期互動的觀察，雖然並不是每個人都是「說的比做的多」，但相較於台灣年輕人的老實木訥、作風保守等溫良恭儉讓的特質，大陸年輕人「敢講」、「會講」的表達能力，的確令我刮目相看！

光是表達能力這一點，大陸和台灣的年輕人之間就有很大差異。這也讓我見識到他們引以為傲的競爭力！所以，即使台灣人對「說的比做的多」、「說的比唱的好聽」不以為然，但這卻是大陸年輕人的表現特色及競爭力的一種方式！

　　大陸年輕人的「敢講」、「會講」，最讓我覺得印象深刻的是那種臉不紅、氣不喘的「勇氣」。據我多次與他們交鋒後的親身經歷得來，他們對於不懂、不會、做不來的事情，大陸人走的是「先承諾了再說」模式，這也讓他們比較容易把握機會。可能是大環境競爭激烈的原因吧！他們一旦看到機會，先「搶下來再說！」自是相對靠譜的作法，也就因此，造就了他們說話時「比較敢」的特色。

　　相較於台灣人的「謹慎保守，實事求是」，大陸年輕人至少已在「搶」這件事上佔盡先機。而我認為，這也是比較符合當地環境的一種必備能力。

機會先搶先贏，上了再說

　　在大陸工作了一陣子以後，我對於當地人說話的「誠

信」，開始出現比較彈性的看法！他們並非不講誠信，只是相較於台灣人，大陸人沒有把「誠信」放在那麼高的位階上，他們比較重視利益及握在手中的收穫，這部份我在前兩章曾經提過。

就像大陸最近非常流行的一句話：「夢想還是要有，萬一實現了呢？」這句幾乎人人琅琅上口的話，就反映大陸青年敢於做夢、敢衝的心態！的確，他們承諾的事情未必做得到，而且，也經常會有令人失望的結果出現。所以，聽的人必須自行過濾及評估。不過，因為大陸年輕人腦海中存有著「萬一實現了呢？」的想法，所以只要秉持這個觀點，大陸年輕人在「搶機會」這件事上，就已比台灣年輕人更「勇敢！」而且，那種自信的表情，也是一種說服力！

舉例來說，我在大陸公司到職的第一天，視覺部總監就已把原先歸他管轄的部份人員跟工作交接給我，並且跟我進行了兩小時的溝通。在那兩個鐘頭裡，我見識到了一個不到三十歲、攝影師出身的人，竟然能把品牌經營說得頭頭是道，當時，也算閱歷過不少人的我，心裡是佩服他的！

但是後來相處久了，我這才知道他其實並不了解品牌經

營及市場行銷，但他當時又是如何做到可以「說的那麼好」呢？其實，這就是一種「模仿、複製」的能力。我私下觀察到，只要跟廣告公司的專業人才開過會，他就可以把對方的話牢牢記住，然後照本宣科卻又氣定神閒地複製說出來，也就是「山寨能力」很高的意思。

我這麼說並沒有看輕的意思，我想表達的是，觀察他從一個僅初中畢業，攝影師出身的年輕人，卻能在一個大公司裡擔任視覺總監的個案來說，我就知道「勇敢表達」這件事有多麼重要。

透過他優秀的表達能力，他掌管了數十個人，並且握有不少預算，私底下粉絲也不少。加上因為口才好，善包裝，在總監群裡算是人氣頗高的一個，也沒有人計較他學歷不高、專業不夠這些缺點，可以說是「混得挺不錯」的個案！

沒機會表達，一切都是白搭

在中國大陸有此一說：「人才未必有口才，但有口才的必定是人才。」的確，在這個機會多、競爭者也多的環境中，

能夠透過好口才贏得他人關注並且說服他人，這是非常重要的事情。如果要在大陸職場出人頭地，擁有清晰的表達能力，確實是非常必要的專長！

但是，「表達」並不是一種天賦，它必須靠後天訓練得來的。

或許你認為看看書或看看視頻就可以學會表達，但孰不知關鍵是要「願意開口講話！」但緊接著，如何把話說得漂亮，那就得靠多吸收知識才行，這畢竟是萬年不敗的關鍵！

那麼，如何才能擁有蠱惑人心的表達能力呢？

首先，說話時，要用肯定的目光去體察別人，有時眼神的交流遠比說話更有說服力。你要練就自信的目光，讓講話時更顯力量！另外，運用手勢，以肢體動作樹立自信的形象。我認為這一切，都是可以經過後天不斷的練習而來。

另外，要放開音量，讓整個過程顯得抑揚頓挫、鏗鏘有力，最重要的是你所說的話能感染對方、影響對方，這才算是一次成功的表達。

我在陸資企業上班後首度參加的總監會議，就被來自各地的口音和所有人毫不客氣的大音量嚇一跳！

當天與會的總監，來自於北京、重慶、上海、大連、新疆、杭州、台灣等地，大部分都是男性。先不要說各地口音有差距，光是那個音量，就讓我的發言幾乎被淹沒！不過，當我重新調整音量，再經過充分準備後，終於也成功搶回了發言權！

此外，想要有自信地發言，關鍵還是在於內容的準備。

談到大陸被公認口才最好的主持人，許多人認為是楊瀾，她曾經是申奧形象大使，口才確實非常好。每次見她採訪名人時，提出的問題都很有水準，聽說她在採訪當事人之前都至少要先看上十萬字的資料才行，由此可見她的勤奮努力！

總之，多吸收、多練習、打開心胸、勇敢「講出來」。這在台灣似乎沒有那麼重要的技能，在大陸卻是十分必要的。

有了「颱風口」，豬也能飛上天！

目光精準、善於整合資源，外加膽識與勇氣助陣，這就是你的成功方程式。

　　講到中國大陸，講到創業，講到屬於這個時代的代表性企業及人物，除了阿里巴巴的馬雲之外，一定不能不提到這家公司—小米，以及小米創辦人雷軍。

　　小米公司成立不久，從 2010 年四月開始，到現在也才五、六年的光景。它是一家專注於「智慧產品自主研發」的「移動互聯網」公司。

　　「為發燒而生」是小米的產品概念，也是小米的「品牌核心理念」。在中國大陸，小米公司「首創」了用互聯網模式，開發手機作業系統、發燒友參與開發改進的模式。

　　小米手機因為有發燒友參與，具有現在最被討論關注的

「用戶思維」，因此，擁有大量的「米粉」（小米手機的粉絲），因而在傳播上非常高效。龐大的「米粉」跟龐大的「果粉」一樣，是企業發展非常強勢的推升力量！

講到米粉有多麼的可怕，得先談一下「粉絲經濟」的意義。「粉絲經濟」原本是架構在「粉絲」和「被關注者」雙方「關係之上」的經營性行為，被關注者多為明星、偶像和行業名人等。引用《粉絲力量大》作者張薔所闡述：「粉絲經濟」是以「情緒資本」為核心，以「粉絲社區」為「行銷手段」增值情緒資本。

粉絲經濟以消費者為主角，由消費者主導行銷手段，從消費者的情感出發，企業借力使力，達到為品牌與偶像增值情緒資本的目的 。

小米手機不是「人」，並非「明星、偶像和行業名人」，但是小米手機可以以明星的姿態出現，像蘋果手機一樣。所以，所謂的「粉絲經濟」，在小米手機身上，可以發揮得淋漓盡致。

小米的 LOGO 是一個「MI」形，是 Mobile Internet 的縮寫，英文又簡易好記的 LOGO，可以看見它放眼國際化的

體 會 vs. 觀 察

企圖心。小米手機，就是小米公司研發的「高性能發燒級智慧手機」。它堅持 「為發燒而生」的設計理念（有明星的性格），採用線上銷售模式。

當小米的「開發手機作業系統、發燒友參與開發改進」的模式奏效後，自然引起國外大財團的注目。例如 2014 年六月，微軟入股小米，並在 2014 年雙十一活動中，僅僅是雙十一這天，於天貓平台上就銷售了 116 萬支手機，銷售額 15.6 億元人民幣，約占天貓當天總額的 3%，成功衛冕雙十一活動天貓單店第一。（2015 年雙十一，小米機銷量天貓、京東、蘇寧三平台大滿貫，小米天貓旗艦店銷售額達人民幣 12.54 億三年三冠。）

2014 年十一月，優酷土豆集團在上海宣佈與小米公司達成資本和業務方面的戰略合作，雙方將在互聯網視頻領域開展「內容」和「技術」的深度合作，共同研發視頻移動端播放等技術，並在自製內容及聯合製作、出品和發行方面做「內容」的投資。

而中美兩大企業在「內容」和「技術」的深度合作，就是深化小米手機的媒體價值。

小米的成功，可以看到很多這個互聯網時代，風起雲湧的軌跡，而發生的地點就是正當經濟風生水起的中國大陸。它的成功的元素，包括：

1. 「首創」發燒友參與開發改進的模式。
2. 長久以來，「米粉」的經營和傳播。
3. 抓住時代重視在移動端看內容的生活方式。
4. 透過策略聯盟，不斷創造新話題及傳說。

　　正像我先前提過，因為粉絲經濟的經營成功及產品的被喜愛，僅僅是 2014 雙十一，就銷售手機 116 萬台，占天貓當天總額的 3%，成功衛冕單店第一，而這是創造出一個傳說，一個奇蹟！2015 雙十一繼續稱霸，繼續創造傳奇。

　　在互聯網的世界裡，內容非常重要，而時代走到了「移動互聯網」，內容的價值更顯貴重。小米與強勢的優酷土豆合作內容，是重要的戰略步驟。四十幾歲的雷軍跟緊了這個時代的趨勢脈動，讓他在四十歲時甫成立的新公司便在短短四、五年間，獲得極大的成功！

體會 vs. 觀察

但是，雷軍評估這件事，常常表示，自己是「抓緊時代脈動」。即便他謙虛表示這是「運氣」，但我們知道，這是一個「經驗、觀察、體會、跟上」的結果。

　　雷軍曾說：「如果你的企業想成功，我覺得就要在這個能力範圍裡，找到屬於自己的『颱風口』才行。」他認為，2010 年成立的小米，團隊不錯，產品不錯，甚至行銷也不錯，服務也還可以。但是，最最重要的是遇到了這個「颱風口」，就是一頭豬都能飛得起來的「颱風口」。

　　就在 2006 年這一年，雷軍突然想明白了這一件很重要的事情：

　　成功單靠勤奮是遠遠不夠的，最重要的是找到一個大的市場，順勢而為！換句話說，就是找一個最肥的市場，然後靜待颱風來襲，順風而上。雷軍覺得成功，尤其是「大成功」都是跟這個高度相關的。

　　有了「颱風口」，以後才能靠本事上位，「就是你怎麼能飛著不掉下來，那是本事。」他自己做了如上的總結。

　　在中國大陸，高學歷不代表能賺大錢；投資多，也不代表一定會有等值的回報，創業最主要的還是要看你有沒有入

錯行，找工作亦是如此。所以，掌握時代脈動，掌握資訊，正是現在中國大陸這個「世界市場」最有價值的事。

所以，在中國大陸的商場和就業市場，「努力」並非不重要，而是如何「看得準」更顯重要。在大陸，只願做個「勞動楷模」是很傻的，那代表著「做死」！在大陸，更重要的是掌握資訊，及精準下判斷。

雷軍曾說：「什麼是戰略呢？戰略就是在對的時間點，做了對的事情！」其實，對於一般的企業家來說，做對的事情是很容易的，只要大家在這個行業裡有一定的經驗，想做錯事都很難。但是反觀在對的「時間點」做「對的事情」，這才真是一件難上加難的任務。對的「時間點」要如何掌握呢？我覺得，每日多接收新資訊，體會時代脈動是必須的！這樣的你，才會有較精準的感覺及判斷！

此外，除了「看得準」之外，若能再加上整合資源的能力，配上放手一搏的膽識與勇氣，那這才是這個時代下的成功方程式。

不僅創業如此，就業也一樣⋯⋯。

跨海面試，
勞資雙方的華麗對決！

事先盤點自己的能力，面試時誠意以對，成功面試並不難。

「我的老闆是大陸人！」對許多台灣上班族來說，還是很難想像的。

但是根據人力銀行的調查，現在台灣有為數不少的中堅世代表示，未來將盡可能地「主動爭取」加入陸資企業工作的機會。

2015 年夏天，我接受邀請，在台灣的北、中、南擔任了「大專院校女性領導人培訓營」的講師，三個營隊各有百人，都是從各大專院校甄選出來的優秀女學生。那時我發現，她們中間有不少人對於畢業後進入大陸工作躍躍欲試，而且也沒有排斥進入陸資企業。

在可預見的將來，台灣會有愈來愈多的求職者，將與陸資企業老闆面試！其中，包括直接在當地參加陸資企業面試，或趁著「陸資企業來台徵才」時參與面試，都有可能。

年輕的求職者，可以直接丟履歷到大陸的招聘網站應徵陸資企業。但是，如果是你在大陸當地丟履歷，成本比較低。像我一個培訓營的學生（世新大學傳播管理系），她在 2014 年夏天在北京待了一陣子，據她說，她在招聘網站上看到有興趣的工作就投遞履歷表，而且還得到了五次的面試機會。

至於較高階的管理職務人才，可能是透過獵人頭公司來洽談。這時，建議你可以參考一下大陸企業的應聘流程：一般來說，人在台灣的求職者，大陸企業多半會採用電話或其他視訊方式來做初次面試，以便節省招聘成本和時間。待雙方均達到錄用意向後，企業才會安排求職者去大陸參加複試。

2013 年初，我就是先經過一個長達一個半小時的電話溝通，跟陸資企業的人力資源總監，有了第一次的接觸，電話中，因為每個問題都牽涉到我的品牌專業，對方提出的每個問題，我都能侃侃而談。

只是，整個面試過程並沒有想像中簡單。

一場別開生面的職場角力

首先，我和陸資企業的人資總監電話聊了一回合，等待數日之後，他又打了一通電話過來，要求我對該公司的品牌經營提出一份報告，也就是「出作業」了。

因為在台灣當高階主管時，我也經常用這招來篩選求職者，所以，我自然很盡心盡力地寫了一份建議書，充分展現我的專業能力。

又過了一個禮拜，對方再度來電，表示願意出一張來回機票，請我飛去中國大陸面試。

三周後，我飛過去面試了。

當天，面試時間很長，我總共見了人資總監、副總裁、總裁，面試時間前後長達五小時，若再加上後來一起吃飯，總計花了七個多小時，可說是我歷年來最費力的一次面試經驗。

當然，若你人在大陸，則可直接到公司面試。這樣既方便求職者直接參觀企業，盡可能多接觸以後工作的直接夥伴，同時也能幫助求職者了解這家公司的企業文化。

再說到我 2015 年的另外一個面談經驗，就是在上海跟陸資企業的 CEO 見面。雙方從吃飯時就一直聊，吃完後進公司參觀辦公室，然後再繼續聊，當天一樣也花了近七個小時溝通並增進了解。

我想，這麼長的對談，不只是他想了解我，我也可以多了解他，這樣有助於判斷這個工作適不適合自己。

在此，我建議求職者面試時不妨多注意以下三點：

1. 不要主動提出薪資要求

大多數求職者去大陸工作，最看中的就是薪水和發展前景。

如果是有能力的陸資企業主，面對他需要的人才時，多半不會太小氣。但我想提醒台灣上班族，最好還是先做點功課了解行情，面談中除非對方主動開口詢問，否則千萬不要在初次見面時就提出薪資要求。

2. 突出成功案例很重要！

這也許是大陸老闆決定是否聘用你的關鍵所在！

想讓企業主知道你的價值，拿出證據是最直接的方式。列舉你過去的成功故事，詳述他感興趣的環節，相信大陸老闆會對你的能力有所感覺。

另外，對於已有大陸工作經驗的求職者來說，突出你對於中國大陸的認同感也很重要！

3．於面試過程中展現誠意！

不少求職者對陸資企業缺乏了解，容易在溝通過程中表現出對企業的懷疑和不確定，甚至把期望薪資提得很高，這些都讓不少大陸老闆懷疑求職者的誠意，讓面試陷入僵局。

因此，盡可能透過各種管道了解該公司的相關背景和資料，準備工作計劃書，讓企業主看到你的準備與誠意。

最後，提供幾則陸資企業主經常發問的「考題」，供大家參考！

· 你對這個產業的觀點是什麼？
· 你對該產業在未來五年的發展有何看法？
· 若到我們公司上班，三個月內你會開展哪些工作？

- 你在每家公司工作時，做出的最大貢獻是什麼？
- 你認為自己在性格上有什麼弱點？
- 在工作上，你自認還有哪些方面可以再做提升或補強？
- 你做過哪些與戰略有關的專案或分析？請至少舉出三個例子。
- 你所在的公司，在過去是否經歷過變革？你的角色又是什麼？你承擔了哪些工作和職責？你曾在變革中做出什麼貢獻？
- 你認為在公司變革中的不同階段，身為高管／副總裁者，需要做出怎樣的自我調整和貢獻？

總之，跟陸資企業老闆面試，其實沒那麼難。重點是他要的能力你有沒有？他是否願意拿出對等的薪資聘僱你。

事先好好盤點自己的能力所在，誠意以對，無須太過緊張。還有，既然擁有台灣職場的實戰經驗及心得，若能清晰地描述出你的「台灣故事」，我認為也是非常加分的關鍵。畢竟大家原本不認識，有好的經驗又能侃侃而談，才能說服雇主掏出銀子來。

C
HAPTER 4

認識大陸的
新一代

薪資＋期權，
企業「本夢比」能走多遠？

「理想很豐滿，現實很骨感」，這句話充分反映了中國就業市場的瞬息萬變！

　　台灣媒體長期一直在討論「裁員、減薪、無薪假、22K」等話題，多少反映了台灣就業市場的無力感；相較於大陸的職場新聞會討論阿里巴巴、騰訊、小米手機、滴滴打車等新的商業模式和新的成功故事，會讓人覺得大陸的職場很有活力！

　　而「活力」這兩個字，也是我身處大陸職場，所感受到的氛圍！雖然，有時候「活力」所伴隨的是「草莽」、「野蠻生長」、「粗曠」等等，台灣人不太習慣的感覺。

　　不過，我在這裡要說清楚，並非在中國大陸沒有裁員、減薪這些事情！相反的，大陸企業裁員、減薪的手段，可能

比台灣更加直接，頻度也是極高的！

不同的是，在許多大陸企業非常辛苦經營，甚至有大量經營失敗的同時，卻也有愈來愈多的企業奮起，以非常狼性之姿態，草莽豪氣地奔向大市場。就拿我在大陸所住的小區來說，一樓的小商圈裡有三十多家店舖，而每年至少可以汰換十幾個！高達五成的替換率，舊的去，新的也來，讓我不覺得公司有常常倒閉的蕭條。

而我觀察到，具有企圖心的大陸老闆，也愈來愈重視人才的爭奪！他們知道，人才是企業成功之本。因此，在企業中，經常在設計各種吸引人才的方案。所以，中國大陸的現況是，雖然每天都有很多公司正在面臨著失敗、倒閉，或是正在縮減人力、甚至減薪的情況之下；在同時，也有很多公司正在成立、正在急速發展，並且急於招聘及爭奪好人才。

這和台灣職場長期蔓延的低迷氣氛，有所不同！

所以，如果你想要投身這個大市場，你可以先問自己：我是不是個人才？而我寫這一篇文章，主要便是想與大家討論大陸企業是透過何種手段吸引人才？並且提供有志於去大陸工作的求職者，多一些了解、判斷的準則。

各取所需，就業市場的相親

基本上，為了吸引優秀人才，以「利」相誘是最直接的作法。大陸企業最常以薪資福利、教育訓練、未來發展、期權制度等，做為人才爭奪戰的武器！其中，薪酬是一項最重要的誘因。但是，和台灣的老闆一樣，大陸佔大多數的中小企業，資金小規模也小，其有限的資金，主要是投向「產品研發」和「市場開發」，這時候，企業主往往很難開出高額薪資來吸引人才。

另外，大陸的中小企業「企業知名度」不足，在吸引人才上也相對顯得弱勢。（因為大陸求職者的認知普遍是：企業知名度的高低，也會影響到個人在社會上的身價和地位。）這也正是大多數大陸上班族願意選擇「知名度高」的企業就職的原因。

此外，有企圖心的大陸求職者也很在乎培訓。他們認為，中小型企業培訓體系的不夠完善，給人才帶來的是一種對「未來」的危機。但是，中小企業實際上確實很難準備足夠的資金，給予員工完整的專業培訓。

再者，中小型企業發展前景不明，這對人才也是一種危機，該企業一旦被淘汰出局，員工首當其衝地就是淪為犧牲品，減薪、裁員、失業等問題將會接踵而至。（請容我再次提醒，這在大陸實則很常見！）

這時，為了吸引優秀人才進駐，大陸中小企業就會祭出它們的「優勢」。

而說到大陸中小企業的「優勢」，說穿了其實就是畫大餅！他們會說：任何大企業都是由中小企業而來！如果是有目標、有方向的公司，企業發展潛力大，也為人才實現個人價值提供了較大的想像空間！因為，一旦中小企業發展態勢良好，隨著企業規模擴大，通常能夠給予員工的發展機遇就愈大！

其實他們「畫餅」說的也沒錯！「企業發展潛力大」這一項優勢，對於「風險偏好型、渴望追求成功」的人，確實具有相當高的吸引力。

之前在網路上曾經流傳了一個「段子」，很有意思！也是這種傳奇，讓不少好人才願意投入有前景的中小企業！

認 識 大 陸 的 新 一 代

阿里巴巴上市後，有了最好玩的段子：

相親女：「你有車嗎？」

相親男：「沒有」

相親女：「你有房嗎？」

相親男：「沒有」

相親女：「那還談什麼！」

相親男：「我是阿里巴巴老員工」

相親女：「討厭啦，怎麼不早說！

一旦小公司發展成功，員工的身價當然不可同日而語。

另外，中小型企業由於員工較少，組織架構單純，可視企業發展的需要，靈活調整管理制度。至於中國大陸的企業主一般會將薪酬策略，劃分為以下幾種方式：

1. 以「未來預期高收益」吸引求職者

這一類薪酬策略，在於通過「未來預期高收益」來彌補中小企業發展的不確定性風險，它的特徵是固定收入不高，可變收入在薪酬構成中所占的比例很高，上班族的個人收

入，不僅在於企業現狀，也和未來發展前景密切相關。就像阿里巴巴的員工，從小企業員工到上市公司員工，身價暴增。

具有代表性的薪酬策略，是近年來推崇的期權和期股制度。

這類薪酬策略適合於處在起步階段的企業，公司可以給中高層管理人員和核心技術人員的期權獎勵制度。

2. 具有行業競爭力的薪酬水準

這一類薪酬策略，是與本行或本地企業的薪酬水準相比，制定具有行業競爭力的薪酬水準，達到吸引行業優秀人才的目的。

它的特徵是固定收人水準比本行或本地其他企業偏高，給人才的觀感，是企業的報酬高、福利好、有保障，因而可以帶來員工心理上的優越感。

3. 高薪資結合期權的激勵方式

如果採用高薪資結合期權的激勵方式，大家則會分享到公司的成長。員工會向上尋找目標，完成整個部門的業績目

標，甚至是完成整個公司的目標也在所不辭。在這個過程中，員工不僅可與公司一起快速成長，還能提升專業能力，換言之，良好的激勵方式確實可形成一個雙贏局面。

不過，結合期權的激勵方式雖被高度推崇及應用，以下的情形也是有的。例如初創公司畫大餅[2]：

A 創業公司，招人時老闆總談降薪拿期權，老是愛招 BAT 背景的員工（出身百度、阿里、騰訊背景），老闆說服員工的話術是：「員工要伴隨公司成長來實現自我價值」。

不過，以下的故事也是常見的：

某員工降薪拿期權進入 A 公司，實際能力遠高於崗位需求。工作了一年多後，他發現公司的成長完全不如預期，自己一直在做某些無法提升技術能力的事。失望之餘，他找機會去外面看看，發現世界變化很快，同類型的職位可收到的薪資竟然是目前公司給的二～三倍之多。

根據大陸網友看待這種常態，他們的反應與分析是：

A 公司的老闆是這麼想的：

公司沒什麼錢，不如發期權，公司如果有發展，員工也

沒有虧。

　　然而員工的真實心理是這樣的：

　　能不能直接換成現金呢？期權到最後套現，是一個漫長不確定的路，如果我失去該得的薪資和獎金，時間成本和機會成本的損失是划不來的。

　　B 公司，國內風光一時的互聯網上市公司，期權曾經是他們 offer 員工之中很重要的一環，某年十二月 IPO 之夜，全公司員工們舉杯、狂歡。然而現實很骨感[1]，隨著原先許諾好的期權變成了 18：1 換股，早期員工已然失去了這份憧憬。

　　對於 B 公司，老闆的心理活動也許是這樣的：

　　公司走到今天是因為我很牛，員工很容易被取代……

　　然而，說起上市公司的成熟分配機制如：阿里、百度是典範，期權被視為一種長期激勵，而非利益捆綁。對優秀員工的激勵方式是高薪資加上部分期權。以百度舉例，T5 工程師 Package 一般為 30 萬元人民幣／年，其中 12% ～ 20%

為期權；T9 工程師 Package 一般為 100~300 萬元人民幣／年，40% 左右為期權；由於已上市，兌現相對容易。在大陸，成功並長久的企業，都會提供期權激勵。對於普通員工，期權應該建立在合理薪資的基礎上。

大陸網友認為，對於創業團隊，以期權加上低工資的組合，是很難招募到穩定的主管人才的，畢竟會用期權壓低薪資來徵才的企業實在不太可靠。而且，根據我貼身觀察所得，就連我自己也這麼認為！

提供給讀者參考！

以「利」相誘是企業挖角最直接的作法。一旦中小企業發展態勢良好，隨著企業規模擴大，通常能夠給予員工的發展機遇就愈大！其實，說的也沒錯……

1　這是大陸最近很流行的俏皮話，意指雖然人有夢想是好的，但現實往往不從人心。

2　以下部份內容參考大陸招聘網站。

血濃於水？造化弄人？漫談大陸「海歸派」浮沉辛酸

中國市場大，發展機會多，任憑你美國再美好，實現夢想的起跑點，故鄉永遠是首選。

　　之前我在台灣的人力銀行工作時，常常有求職者問我：「該不該出國留學？」他們總是煩惱：「出國留學，必須得投資大量金錢和時間！這個投資，對於自身未來的職場發展，是必要的嗎？」

　　我的答案是：或許在二十年前，台灣留學生人數較少的時代，只要具備留學背景，找工作的確比較吃香。不過，目前的台灣，「留學生的光環」未必存在！除非畢業於國外一流大學或一流科系，或是你的所學及成績真的能說服企業「非你不可」，否則，光是留學喝過洋墨水，也真「不一定」能夠獲得企業青睞。

其次，國外留學的「主修科系」能否迎合台灣目前職場所需，也是直接影響求職之路是否順遂的原因之一。

以我自己為例，當年，我在美國得到藝術、視覺傳播的學位，而且成績優異！但當我回到台灣謀職時，這才赫然發現台灣的藝術、設計類工作的求職者很多，但相對的，企業卻沒那麼重視這一行。所以，即使我擁有美國大學學位，但這對我之後的求職，幫助很小。

不過我還是認為，對某些職務而言，具備留學經驗，依舊有不錯的加分效果。例如：

國外業務職務

業務職本來就是台灣最熱門的職務之一，負責「國外業務」者尤甚。有國外留學的經驗，或許能夠說服企業主，你與國外人士交涉，協商外國事務，是沒有問題的！

行銷職務

從事這類型的工作，需要多元文化的刺激，視野及閱歷愈豐富，創意便愈活潑。而具備留學經驗，有助於開闊視野，

對於工作的產出具有正向幫助。而在蒐集資訊方面，因為語文的障礙較小，知識來源往往更顯豐富。

高科技技術類職務

這類職務一向比較搶手，如果留學經驗有助於吸取比台灣更進步的技術和知識，身價當然會更高。至於留學是否有助於求職或晉升？首先要考慮留學經驗及學習到的技能知識，是否能夠提升個人在職場上的能力。

如果留學經驗能夠幫助你增長專業領域的知識和技能，讓你能夠佐證所學，並且取信於人，這就是有用的經驗。另外，若主修數學、物理、化學等基礎學科，的確可以選擇繼續攻讀研究所或出國深造，精進職場的實務技能。如果有心在學術領域發展，也要繼續進修，不過要注意一點，如果留學回台灣後打算當老師，台灣的流浪教師已經太多了。

經濟起飛吸引海歸派返國

那我們來看看中國大陸的情形。

中國大陸自己其實也有許多留學生，畢業後若回到大陸謀職，一般統稱為「海歸派」，往往被視為是菁英份子。如果是留學美國，大部分中國留學生會選擇在畢業後，繼續留在美國找個工作待一待，累積幾年的工作經驗後，再考慮是否回國，或是繼續待下去？

　　不過，隨著大陸經濟起飛、機會變多，於是也有愈來愈多中國留學生，願意提早返回大陸工作，這種故事在大陸的招聘網站上時常看到，非常具備啟發性！

　　程先生就是一個經典代表。程先生，北京人。2013 年從美國伊利諾大學畢業，取得心理學和經濟學雙學位，他是大學一畢業就返回大陸工作的代表。

　　回到北京，他先進入一家「外資」投資諮詢公司，工作內容是為一些資金做「投資前期」的研究，包括市場研究和商業調查，最後再給投資人參考性的估值。這份工作很忙，到現在，他在這個行業已經工作了兩年。和一般人想的不同，即使在大陸，在某些行業，也有可能加班到很嚴重！他的行業就是這種。

　　程先生每天的工作狀態是早上九點半到晚上十二點左

右，每天高達十四、十五個小時的工時，甚至周末有時也得經常加班。不過，因為他美國知名大學的留學學歷，加上每天長時間的工作，2015 年，他就成功取得年薪 60 萬元人民幣（約合新台幣 300 萬元）的成績。以一位不到三十歲的年輕人來說，其實是屬於高收入的一群……

但他一畢業就選擇回國，此舉讓很多人都覺得不解。

用母語溝通總是親近許多

畢業後馬上回國是有原因的。英文已經非常好的程先生覺得，他的英語讓他在美國發展受限。雖然他知道，自己是屬於「學霸型」的人物，但在英文的閱讀和演講上，即使在所有學過英語的中國人當中也算是 top 1% 了（意指出類拔萃）！但是嚴格來說，他的英語口語能力，還是遠不及美國人流暢，這是無論如何也很難克服的事情。

他告訴我們，在美國，一個中國人，無論你的程度有多好，如果從事的是社會科學類工作，是需要大量運用英語溝通的工作，那就很難拿到核心的職位（這點我非常認同）。

畢竟社會科學類工作，溝通能力是非常關鍵的能力。

但回到大陸以後，程先生可以用中文的母語溝通，對於同語言的專家的商業經驗和對市場、對消費者的理解深厚，用母語聊，不但能流暢消化，還能談笑風生。所以，程先生認為，在風起雲湧，正在突飛猛進的中國（大環境動能佳），可以用中文（比較順手順口），這比在美國用英文，能更快速地學到更多東西。

所以，一回北京，程先生便開始在公司裡歷練、實習。

剛開始，月薪不到 1 萬元人民幣，後來因為老闆覺得大家太辛苦了，每天從九點半忙到晚上十二點，週末有時還不能回家，所以給這個級別調薪至 1 萬 5 千元人民幣，然後再熬了兩年，他的薪水終於漲到了 3 萬元左右，年終獎金可能跟工資差不多。

從程先生的經驗，我看到的是：

在美國工作，如果你選擇的工作不太需要很好的社交技巧，或許可以不考慮語言的問題。但在美國，你的考評很大程度上會取決於你跟同儕、上司的溝通順暢度，所以無論如何，流暢的英語是有用的。

如果你是學資訊科技業，留美一段時間，可能是個好選擇！因為美國在這方面的發展確實非常領先。

但是相對於美國來講，中國大陸是個增長更快的經濟體，並且擁有更大的市場，很多商務邏輯和行業沒有美國那麼成熟！而不成熟，意味的就是有著更大的空間可以給有能力的人去發揮。也就是說，在中國大陸發展，機會比較大！所以你會發現，很多人在美國學到技術後便返回中國創業了。

此外，這當中還有一個考量是，中國人在美國大多只能做到企業的中階主管，很難晉升到高層主管的職務，而相對於大陸內地留給海歸派的發展空間，吸引力確實大上許多。

所以，留學經驗對在大陸找工作的大陸人來說，會比在台灣找工作的台灣人更加分。箇中原因還是在於中國市場大，擁有更大的空間可以給予有能力的人去發揮。

留學經驗若是能夠幫助你增長專業領域的知識和技能，這就是有用的經驗與資歷。相對來說，海歸族想在大陸找工作，會比台灣留學生在台灣謀職容易許多。

你若端著，我便無感！
話說 90 後，你在想什麼？

了解他們，用他們的渠道溝通、用他們的語言對談，才是站穩這個市場的開始。

　　很多台灣人嚮往前進中國這個大市場，總認為「反正人口這麼多，做生意絕對不難……」但是以我自己親身體會後的感想，我認為在大陸做行銷，想要做出效果，必須要有錢，要有創意，要有執行力，要有用戶思維，要比反應速度，要比氣長……難度比在台灣大多了。

　　實際情況是，大陸近十年來，已從過去的「世界工廠」轉型成「世界市場」！而全世界的企業，都企圖在大陸市場搶一杯羹，然而即便是國際知名的跨國企業，在大陸砸重金及儲備人力，深耕十年以上卻未曾獲利者，大有人在！

　　除了外國品牌進軍大陸市場之外，許多大陸的本土企業

近年來在經營品牌上，成績也相當卓然有成，除了作風強勢，也非常具有競爭力！例如小米、華為、平安等，或是更出名的渠道品牌—淘寶、天貓、京東、攜程網、滴滴打車等，都是看對了風頭，順勢飛起來（在對的時間做對的事情）的強勢企業。

在互聯網時代興起後，大陸消費者的品味變得愈來愈難掌握！其中，90後、95後的年輕人，因為非常有特色及自我主張，想要打動他們，就必須將自己的思路轉化成跟他們是一路的。所以我說，大陸市場是一個既興奮又危險的戰場。而且，這個市場，絕對不是光光有錢（有廣告經費）就能攻佔的！

根據我在地的親身經歷，在大陸市場難做的主要原因有以下兩種：

一是「消費者思考轉變的速度太快」

二是「地方太大競爭者太多」

中國大陸現今最喜歡講的就是「互聯網思維」，而這當

中的一個主軸，也就是「互聯網行銷」中所謂的「用戶思維」
─以用戶為中心展開對話。

不打交道，你就是死路一條

大陸現在最吹捧的消費對象，就是「90 後」（意指
1990 年以後出生的一代），而且很快地就會朝著 95 後（意
指 1995 年以後出生的一代）邁進。這群年輕人，性格自我，
善挑剔，你必須要了解他們，用他們的語言對話，才能讓他
們掏出錢來消費。

有關這一點，從「90 後」的名言「你若端著，我便無感」
便可看出端倪。

在大陸做行銷工作，如果你不用「90 後」的思維及語言
跟這群人對話，那結果就是無法溝通，死路一條，因為「90
後」絕對不會配合你，他們是非常有主見的群體。這種想法，
或許會讓很多年長者不以為然，想想誰沒有年輕過？有啥了
不起呢？但從某個角度看，這群年輕人確實永遠是對的！

為什麼這麼說呢？因為，無論如何，他們身上就是有著

一股「未來的味道」。所以，你如果看不見、看不懂、看不慣「90後思維」，那這就是你自己的問題！而且，你若任性地拒絕面對他們，那麼你可能只會離市場愈來愈遠！

1. 要有「娛樂思維」

跟大陸「90後」溝通的方法之一，就是要有「娛樂思維」。

通過行銷推廣，希望在受眾留下的品牌印象中，你必須要考慮「娛樂性」。這也是生性有點嚴肅的我，到了大陸需要趕緊改變的事情。

就像在 2015 年暑假，大陸票房紅紅火火的《捉妖記》為例，我看完以後，感覺這根本就像是演給兒童看的片子！但是，它卻以手遊一般的華麗特效，加上不斷冒出來的「笑點」，搭配現今大陸正流行的「萌點」，也就是說，有大場面，有動作戲，有愛情，就算是劇情牽強（也有劇評家批評劇情幼稚），感覺像是一部兒童卡通片，但它就是迎合了現在大陸「90後」、「95後」觀眾的品味。

而較年長的觀眾，也會因為「想了解這個年齡段」而去欣賞此片。於是，創造了 10 億人民幣以上的票房！

那麼話說到這份上了，大家明白中國「90 後」、「95後」，是一群怎麼樣的年輕人嗎？

廣泛地說，他們習慣呼朋引伴打網路遊戲（據說，遊戲刺激的大腦部位，跟毒品刺激的大腦區域一樣。）在 QQ 空間精心裝扮顯示風格（讓自己有不同於現實生活中的身分及外表）、用刷微博來刷出自己的存在感（就像台灣人用臉書一樣），更重要的是，他們透過玩「微信」來曬自己的小資生活、運動、享樂、炫耀自己等等，其中，尤以搞笑內容，傳遞最快……，嚴肅就沒人理你。總括來說，大陸的「90後」、「95 後」習慣透過社交媒體和朋友互動，保持聯繫，甚至找工作、學習等皆是！就算是嚴肅的事情，也有不嚴肅的表達。

「互聯網」，是他們生活的重要場景！或是這麼說，「移動互聯網」就是他們生活的重要場景。

所以，你不得不用他們的方法與他們對話！

2. 趕緊加入自由、平等、開放、參與的互聯網思維

既然大陸的「90 後」、「95 後」充滿了「自由、平等、

開放、參與」的互聯網精神。你若想要他們心甘情願地掏錢買單？那麼，不管你幾歲，你都得有「互聯網思維」。

話說大陸 80 後有兩位代表性人物：韓寒[1]與郭敬明[2]。他們兩位雖說是 80 後，但卻很積極地跟上這個時代！這二位作家跨足導演，用他們的「文學作品」與粉絲建立連接，通過社交媒體與粉絲保持互動，贏得粉絲的高忠誠度。

這就是互聯網行銷中所謂「用戶思維」的精確應用！當合作的專業團隊質疑郭敬明時，他只說：「我知道我的粉絲喜歡什麼。」若換個說法，郭敬明的意思就是：「別跟我談什麼專業，哥做的不只是電影。」對照郭敬明的粉絲而言，通過社交媒體與粉絲保持互動，其實就是秀某種「存在感」、「歸屬感」。所以，即使是韓寒，也不敢隨便對 90 後說教！

韓寒通常是剛出一句警語，接下來就是馬上自我「打臉」。就是不敢「倚老賣老」。

聰明如韓寒也知道，跟一群視平等關係、自我實現如生命的「90 後」、「95 後」說教？那是「對牛彈琴」！這種「一廂情願的行為」才可笑。所以，在大陸工作時，我告訴自己，即使我過去在台灣做行銷屢獲肯定，但我也必須放下自己的

堅持，開始融入像「外星人」一般的大陸年輕世代思維中，若無法認同，但也至少要試著去了解他們，這才是對話的開始！

　　了解他們，用他們的渠道溝通、用他們的語言溝通，才是站穩這個市場的開始。

　　　　在大陸，「90後」是高度不配合的一群，換言之，他們是非常有主見的群體。他們身上就是有著一股「未來的味道」，你若選擇不聽不看不聞「90後思維」，任性地拒絕面對他們，那麼你可能只會離市場愈來愈遠！

▌ 1　1982 年出生，中國作家、導演、職業賽車手。
▌ 2　1983 年出生中國作家，自編自導的同名電影《小時代》，2015
　　年宣佈自己不僅以導演身份入主《爵跡》同時也參演《爵跡》。

抓住 90 後的喜怒哀樂，包你財源廣進。

不管你幾歲，進入大陸，都必須瞭解 90 後，因為他們代表了未來。

　　90 後，是現今中國大陸最受關注的一個族群。如果是 1990 年出生的人，現在大概是 26 歲，一般來說，工作了幾年，也可能已經結婚有小孩！90 後，這群人開始有較高的消費力，未來將以更大的消費力，引領著中國的消費市場前進。

　　所以，我們不妨透過北京大學市場與媒介研究中心調查的《中國移動社群生態報告 2015 年 8 月》來瞭解這群你未來「勢必會交手」的族群！

　　首先，看一下他們的購物習慣上，最重視的因素是什麼？

　　從以下的圖表來看，在購物時，77.3% 的 90 後，會注重「自己是否喜歡」，40.5% 會關注「價格高低」，31.9% 會

受到「朋友推薦」所影響，30.5% 則會受到「口碑質量」的影響。

從這個分析就可以知道，90 後，是比較有主見、考慮自己的感覺比較多的一個群體，他們習慣從「個人偏好」做為購物出發點，而廣告促銷、導購資訊等外部因素，對他們的影響，相對是比較小的。

因為「自己喜歡」仍屬購物出發點的最大宗，所以，瞭解 90 後喜歡的語言，例如前面曾提過的「娛樂化思維」；瞭解 90 後溝通的管道，例如「微信朋友圈」或是 QQ；瞭解 90 後喜歡的形象及生活方式，例如「美劇、韓劇中的人物及情節」等，然後想辦法投其所好地吸引他們，對於銷售端來說就很重要！

然而，吸引他們的方法，是該產品的包裝、說明、形象，以及所傳遞出來的意義等。當然，「朋友推薦」及「口碑質量」也會影響其判斷。所以，在網購上的「評價」，同儕間的鼓勵，也是很重要的關鍵。有關這一點可從質量和服務下手！而「朋友推薦」更可以用團購的概念；或設計返利機制給推薦人等等方法，讓朋友更有動機去推薦。

「90 後」如何評價自己？

　　30.5% 的 90 後認為自己「很宅」，62% 的 90 後，最喜歡的休閒娛樂方式為「宅在家裡上網」，位列 90 後自我評價中前三的特質，還有「獨立」和「奮鬥」。

　　「宅在家裡上網」成為 90 後最大的標籤，他們對於移動端流量較為敏感，習慣經常查看後台，防止惡意軟體偷流量。偶爾外出就餐，評價標準不見得是食物美味與否，而是餐廳是否提供免費 wifi！在大陸，沒有 wifi 的餐廳，很難吸

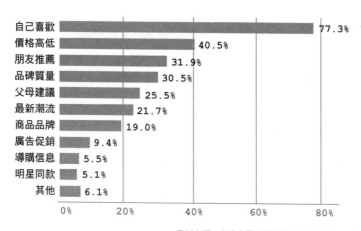

資料來源：北京大學市場與媒介研究中心 2015 年

引年輕人上門消費！

　　從這個數據分析就可以看出，90 後的資訊來源多半來自網路，而且有愈來愈多是源自「移動端」（智慧型手機）。所以，對 90 後傳播，在手機端的資訊傳播，是現在最重要的傳播方式，其他的媒體反而成為輔助。

　　至於「獨立」和「奮鬥」仍然是自我評價時很高的價值，這從他們崇拜成功的人是誰？即可一窺究竟。

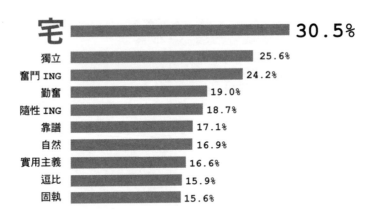

資料來源：北京大學市場與媒介研究中心 2015 年

是女性比較愛網購？

女性比較愛網購嗎？那可不一定！從分析數據中可知，90 後男生明顯比 90 後女生更願意在天貓商城上購買服裝和鞋子。

對男性而言，主要是為了省掉逛街挑選的時間！畢竟男性和女性不同，男性不以出外逛街為重要消遣，甚至有許多男性非常厭惡逛街購物。於是，網購幫了大忙！

所以，在天貓上，男裝的購買偏好為 49%，女裝為

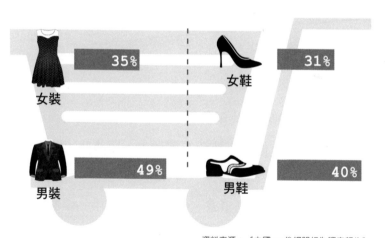

女裝 35%

女鞋 31%

男裝 49%

男鞋 40%

資料來源：《中國 90 後網路行為調查報告》

35%；男鞋的購物偏好為 40%，女鞋為 31%。記得馬雲曾說，他的成功是由「女性」撐起來的，但是在看過這份研究報告後，我覺得，男性也有大貢獻！

中國大陸的 90 後組群約有 1.4 億人，占全國總人口的 11.7%。90 後每月網購消費達 240 億元，其中大部分金額流向淘寶網。對於生性宅又喜歡彰顯個性的 90 後，網購順勢成為他們的首選。不出門就可以買齊所有用品，這項特質更得到 90 後男生的歡迎。看來男性也是網購消費大宗呢！

中國大陸「90 後」崇拜誰？

54.9% 的 90 後崇拜商界精英，領袖偉人緊隨其後為 31.2%。

在商界精英中，阿里巴巴的創辦人馬雲，威望最高，為 75.3%；微軟的創辦人比爾蓋茨 61.3%，騰訊的創辦人馬化騰 41.0%。他們三位都是科技業的創辦人，而非傳統產業的成功者。大家普遍認為，中國大陸 90 後愛追星，而根據我在地的觀察，這也的確是事實。但在崇拜人選中，娛樂明星只排名第四位，為 24.4％。

因為大陸 90 後認為自己是獨立、奮鬥的一代，於是他們崇拜商業精英並且視其為偶像！特別是科技業的創辦人，對他們最有啟發性。大陸 90 後認為，「金錢」絕非自己奮鬥的唯一指標，他們堅持的是「活著就是要改變世界」的強烈主張。

所以，若以精神面的訴求來影響 90 後消費者，這勢必也會影響到這一群對自己有著深切期許的消費主力。

「90 後」最渴望的事情？

自從 90 後的高中女老師的辭職信僅寫著「世界這麼大，我想去看看」在網路瘋傳後，便可理解這是多少大陸 90 後的心聲！90 後最渴望的事情是旅行，其中旅行願望最為迫切的是「工作中的 90 後」，達 50.9%。90 後在意能夠深入瞭解當地生活，增加見識和體驗。換言之，一窺世界的渴望，正在 90 後心中蔓延及燃燒！

90 後對職業也有渴望，但比起旅行看世界，比例倒是偏低的。可能是因為「工作」是一般人必經的路徑；「創業、

開公司」和「從事職業」的比例幾乎不相上下，可見其創業膽識以及目前市場上處處是機會，確實也讓大陸 90 後想要大展拳腳，試著自己當老闆！

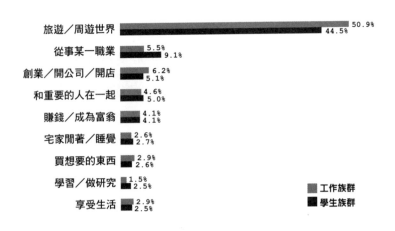

旅遊／周遊世界　50.9%　44.5%
從事某一職業　5.5%　9.1%
創業／開公司／開店　6.2%　5.1%
和重要的人在一起　4.6%　5.0%
賺錢／成為富翁　4.1%　4.1%
宅家閒著／睡覺　2.6%　2.7%
買想要的東西　2.9%　2.6%
學習／做研究　1.5%　2.5%
享受生活　2.9%　2.5%

■ 工作族群
■ 學生族群

資料來源：北京大學市場與媒介研究中心 2015 年

「90 後」喜歡看美國影集

有 45.7% 的 90 後，最喜歡看「美國電視劇」。90 後選擇影片時 74.3% 關注故事類型及情節，57.1% 的 90 後會考慮演員陣容。

77.1% 的 90 後認為一部優秀的電視劇大約在 10 ～ 30 集最合適。在演員方面，48.6% 的 90 後認為演員演技高超最重要，31.4% 認為演員要有自己的風格，最後有 17.1% 的人則認為，演員一定要顏值爆表。

　　大多數「美國電視劇」所描述的「自由奔放」心態、快速的劇情節奏、炫目的科技感，深深吸引了 90 後的目光。也就是說，和 90 後談論美國電視劇，確實會引起許多共鳴。

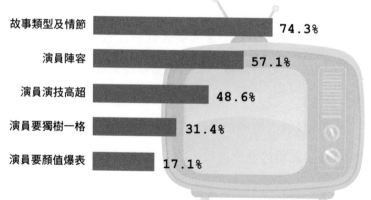

故事類型及情節	74.3%
演員陣容	57.1%
演員演技高超	48.6%
演員要獨樹一格	31.4%
演員要顏值爆表	17.1%

資料來源：北京大學市場與媒介研究中心 2015 年

「90 後」的工作、娛樂和交友

「年輕人愛玩」，這句話其實是真的！

對於大陸的 90 後來說，他們也願意認真工作，但可從中獲得的「感覺」很重要，所以，你若倚老賣老，慣用嚴肅的對話來跟他們溝通，這將是無法打動他們的！90 後看待工作也是如此，對他們來說，工作要像競技場，像打遊戲機一樣，這點很重要！

如果能讓他們在工作中獲得競爭的快感、滿足成就感，並且給予立即的酬賞，這種模式就會比較符合 90 後的「遊戲化思維」，也就是說，這樣的管理，更能驅動他們的動機和行為。

例如我過去提過很多次的「貓型員工」，其性格在大陸的 90 後，表現得淋漓盡致。所謂「貓型員工」，特徵如下：

1 與其捨己奉公，寧可珍重自我。

2 雖然討厭汲汲營營，一旦碰上該做事的時候，他們還是會全力以赴。

3 認定可透過能力所及的事情來磨練本領。

4 與了不起的目標相比，認為自己每天過得幸福比較重要。

「90 後」在乎加班？

根據調查，在中國大陸 90 後中，有 83.5% 的人表示不在乎加班。在找工作時，90 後對工作時間關注度僅為 1.4%，對社會地位的關注度僅為 1.9%，位列前三的影響因素依次為：薪資待遇、發展前景、興趣愛好。

總之，90 後是「努力工作，努力玩」的一代。

剛步入職場，對職場充滿熱情的這個新世代不在乎加班，他們更注重的是薪資待遇，工作是否具有挑戰性，並且希望老闆們能夠即時肯定他們的工作表現。

回想起我先前任職的陸資企業，因為擔任的是行銷工作，部門裡也大多是中國大陸的 90 前後，因此，透過瞭解他們，對我在大陸的工作、人際關係及管理上，幫助很大！而透過大陸當地的市場調查，也充分印證了我的經驗及想法。

從「易觀智庫 & ComScore」的研究報告顯示，高達 56.1% 的 90 後青年群體會關注「娛樂新聞」，「娛樂新聞」最常被閱讀。

大陸現在大量使用「微信朋友圈」行銷，但是「微信朋

友圈」畢竟是「朋友圈」，赤裸裸地在「微信朋友圈」上賣東西，只會讓朋友們感到厭煩！而且，容易被朋友拉黑（遮罩），絲毫沒有任何行銷效果！

但是，在「微信朋友圈」傳遞娛樂新聞，以及透過娛樂新聞所產生的藉勢行銷廣告，卻會被認為很有幽默感，因此，比較容易被傳遞出去，甚至不認識的人會因為幽默感的緣故而幫忙轉發。

我在大陸做行銷時，可說是前所未有地每天關注「娛樂圈發生了什麼事情」？然後思考，如何把我的產品置入到這則新聞中，原因即在此。

就像周杰倫、高圓圓等藝人結婚的消息，許多企業也都會「藉勢行銷」一番，重點是幽默及速度！而熱門的電影及電視劇也是如此，例如說女明星范冰冰監製主演的「武媚娘傳奇」上映，緊接著，范冰冰便與劇中男演員李晨爆出假戲真做的緋聞，並在微博上猛曬恩愛照，後來就有幾十家企業學習兩人依偎的 pose 來做為擺設商品的攝影元素並且大肆宣傳使用！

另外，99.1% 的 90 後會關注多媒體，81.9% 會關注社交

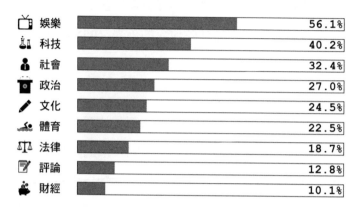

📺 娛樂		56.1%
⚗️ 科技		40.2%
👤 社會		32.4%
🎙️ 政治		27.0%
✏️ 文化		24.5%
🏊 體育		22.5%
⚖️ 法律		18.7%
📝 評論		12.8%
💰 財經		10.1%

資料來源：易觀智庫 & ComScore

媒體，71.5% 會關注遊戲。還有一點非常有趣，就是大陸年輕人極為重視「外表」，以貌取人者佔大多數。根據調查，90.1% 的 90 後，習慣通過言談舉止評價他人，在與人交往時，71.8% 的 90 後看重穿衣打扮，62.7% 的 90 後重視外貌長相！

若說 90 後是「顏控」，那可是一點都不過分，因為他們確實是外貌協會的典型代表。不管是與人交往還是選擇產品，他們注重內在，但卻更加留意外在。能夠打動 90 後的人，光是學問好絕對不夠用，外表和談吐也是必須的項目之一！

所以，想要讓大陸 90 後重視你，從外表著手是個好辦

法！而有趣的是，他們以貌取人的態度是直接掛在嘴上說的，這跟台灣人「不輕易批評他人的外表」的禮貌態度，大相逕庭。

　　90後，屬於有主見、考慮自我感覺比較多的一個群體，習慣從「個人偏好」做為出發點。最渴望的事情是旅行，覺得能夠深入瞭解當地生活，增加見識和體驗，才是最屌的事情。換言之，一窺世界的渴望，就是90後的核心觀念！

想要熟？
先搞懂這些白話文再說！

長期關注這些時髦用語，只要你別耍白癡誤用，也是一個快速融入當地的方法。

　　到內地工作，尤其是進入網路企業，我發現對於網路熱詞，確實要比在台灣時投入更多的關注，甚至學著去應用。當然，這些網路熱詞，的確不該在比較嚴肅的履歷表或自我介紹裡出現，不過用於一般溝通，特別在微信朋友圈上，確實很常見！如果你若不懂，那即代表你不夠融入當地！

　　所以，在地化的步驟，可從了解網路熱詞開始。自己不用沒關係，但是，別人在講的時候最好能聽得懂，要不然好像自己被排擠了！

　　根據「排行榜 123 網」（www.phb123.com）的網友提供，2015 網路熱詞排行榜如下：

一、我的內心幾乎是崩潰的⋯⋯⋯

今年剛滿 22 歲的陳安妮，擔任快看世界科技有限公司 CEO，是大陸出名的年輕總裁。2015 年一月三日，陳安妮接受媒體採訪中說了一句：「我的內心幾乎是崩潰的」，播出之後被不少網友爭相借用，成為 2015 年第一句流行語，讓她成為「90 後只懂 90 後」的代表。

二、你們城裡人真會玩

吳亦凡（KRIS）在 S.M. Global Audition CANADA 的選拔中脫穎而出，進入韓國 SM 娛樂公司成為練習生。2012 年，以 EXO 組合成員身份正式出道，擔任主攻華語地區的 EXO-M 隊的隊長，率領 EXO-M 在中國展開演出活動，憑藉其出色表現，成為 SM 打開及擴大中國市場的重要力量。

2015 年，離開 EXO 的吳亦凡在上海某所大學拍攝電影，結果有人假扮吳亦凡，讓那些狗仔以為是吳亦凡本人，並且狗仔把照片上傳到微博上，然後才發現並不是吳亦凡本人，之後，就出來了這句「你們城裡人真會玩」，然後被廣泛引用。

三、然並卵

曾幾何時，我不時會在網路上看到「然並卵」這三個字。一開始並不知道這究竟在說什麼？直到後來才知道原來是「然而並沒有什麼卵用」的縮寫版，這句話目前可說流傳甚廣喔！

這個詞最早來自 bilibili 視頻彈幕網站的遊戲講解視頻，後來被電視節目《暴走大事件》[1] 裡的網路紅人張全蛋採用，憑藉一個《質檢 leader 張全蛋怒揭電視機行業內幕》，便讓這個詞迅速走紅。

四、明明可以靠臉吃飯，卻偏偏要靠才華。

大陸知名的喜劇演員賈玲，2012 年首登江蘇衛視春晚，表演小品《萬能表演》。2015 年，再次於央視春晚上表演小品《喜樂街》，成功塑造「女神與女漢子」的歡樂形象，身材壯碩的她，素以表演天分出名。

近日，一張賈玲昔日的清秀照片被網友肉搜出來，賈玲在微博上回應說道：「我深情地演繹了：明明可以靠臉吃飯，卻偏偏要靠才華。」從此，這句話引起了大陸網友的追捧，

並且引發了廣大的模仿效應。

五、睡你麻痺，起來嗨！

其實這句話最早是出自微博上的一個短視頻，在快樂崇拜的旋律下，外貌「魔性」的男主角，對著螢幕開始自言自語，而在經過眾多惡搞圖片，和本身具有的魔性擴散力影響之下，這句話終於成為了經典。

六、世界那麼大，我想去看看

2015 年四月十四日，一份印有「河南實驗中學信箋」抬頭的辭職申請被發布到網路上，上面只有字跡娟秀的十個字：「世界那麼大，我想去看看。」網友稱其「史上最具情懷的辭職申請」此外，「世界那麼大，我想去看看」也被許多想辭職的上班族廣泛應用。

七、We are 伐木累！

在綜藝節目《奔跑吧兄弟》[2]中，男藝人鄧超的一句「we are 伐木累（family）」，讓在場的「兄弟團」和導演組瞬間笑

噴，而自封「學霸」的他也因為這句話引發網友的集體吐槽。

有些網友甚至調侃他：「段子手鄧超，當過英語課代表，老師都哭了。」不過大家還是很喜歡學他講英文。

八、你醜你先睡

源自於「醜話說在前面」，這句話其實脫胎於「你醜你先說」，網友曲解斷句成「醜，話說在前面」，進一步引申成「你醜你先說」、「你醜你先睡」、「你醜你先……」等說法。然而這句話玩笑意味濃厚，奉勸若友情不夠堅固，還是不要用比較好！

九、what are you 弄啥嘞？

還是出自《奔跑吧兄弟》的男藝人鄧超之口。因為鄧超多次說「what are you 弄啥嘞」，網友覺得非常好玩，加上媒體也模仿使用「what are you 弄啥嘞」，既搞笑又幽默，就這樣，2015 年新一輪的網路流行語「what are you 弄啥嘞」誕生了。

十、壁咚

最近台灣也常常講壁咚。壁咚是日本傳過來的流行詞語，時常出現在少女漫畫或動畫以及日劇當中。這個詞其實是形容男性把女性逼到牆邊，單手或者靠在牆上發出「咚」的一聲，讓其完全無處可逃的動作。

而後，經過偶像劇演繹，又出現了「胸咚」、「指咚」。

大陸每年都有新的熱詞出現，而且，熱度過得很快！像是 2014 年流行的「人艱不拆」（意指人生已如此艱難，有些事就不要拆穿）、「不明覺厲」（意指雖然不明白他在說什麼，但好像很厲害的樣子）等等，已經很少出現了！不過，長期關注這些熱詞，偶爾運用但不要誤用，其實也是融入當地的一個方法。

▌ 1　於 2013 年 3 月 29 日首播，是一檔以暴走漫畫為主題的中國大陸網路脫口秀節目。

▌ 2　浙江衛視引進韓國 SBS 電視台綜藝節目《Running Man》推出的大型戶外競技真人秀節目，目前已播出至第三季，藝人鄧超、Angelababy（楊穎）、李晨、陳赫、鄭愷、王寶強、王祖藍等是固定主持人，每季都會有不同的嘉賓加盟。此節目播出後大受歡迎，幾位固定主持也因此聲勢大漲，一舉一動備受關注。

狼狽有新解？
從華為看陸企競爭力

積極吸收新知，適時了解並溝通，接受多元價值存在的事實，你就是這個世代的贏家！

　　近十五年來大陸經濟急速發展，在「狼性文化」、「野蠻生長」的大環境下，許多企業家締造了恢弘格局的豐功偉業。大陸的企業家很多，但被認為是「商業思想家」的企業家不多。直到四十三歲才創業的華為總裁任正非，在我看來算是得上是一位真正的商業思想家，而他也一手締造了華為的奇蹟。

　　任正非直到不惑之年才創業，把一個「山寨公司」，變成震驚世界的科技王國，同時創立了開「中國企業先河的企業治理方法」。這在中國是少見的，也是我覺得蠻值得討論的個案之一。

華為，是大陸「最早」將人才做為戰略性資源的企業，其人力資源管理體系，更是華為二十六年來持續發展的動力和關鍵。任正非用「狼狽組織」、「少將連長」等詞彙詮釋華為在員工激勵、組織建設、幹部管理的做法，透過內部刊物《華為人報》，表達了任正非的管理智慧。

我認為，其中有幾點很值得深入了解，也可充分詮釋大陸的狼性思維及拚搏精神。想踏進中國奮鬥的台灣人，不妨藉此更了解所謂的狼性文化思維。

給火車頭加滿油

這個意思是：讓千里馬奔馳起來，讓奮鬥者享受勝利的果實，讓怠惰者感受到居末位遭淘汰的壓力。

任正非在治理華為時，倡導「給火車頭加滿油」，他的理念是：要按價值貢獻，拉升人才之間的差距。在評價人才的待遇體系方面，華為向來按照貢獻和結果，公正地給予酬賞及評價！

任正非說：「有成效的奮鬥者是公司事業的中堅，是我

們前進路上的火車頭、千里馬。我們要讓火車頭跑起來，促進對後面隊伍的影響；我們要使公司十五萬名的優秀員工所組成的隊伍生機勃勃，英姿風發，你追我趕。」

在過去，陸企大多存著「吃大鍋飯」的習慣，不重視績效，這種印象深植於許多台灣人的心中！不過，想在大陸生存下來，「吃大鍋飯」這件事已然成為過去！由於市場機會多、競爭激烈，順勢造就大陸「狼性思維」的崛起，在中國，只要是具備競爭力的企業，對待員工總是賞罰分明、成王敗寇，於是，無形中激勵了員工之間的競爭心態，並且透過不間斷地拚搏，一舉促成了企業的不斷成長。

狼狽組織：團隊合作，發揮智慧！

任正非在華為市場部的一次講話中提到：「我們提出『狼狽組織計畫』，是從狼與狽的生理行為歸納出來的。」

他說：「狼有敏銳的嗅覺，團隊合作的精神，以及不屈不撓的堅持。而狽非常聰明，因為個子小，前腿短，在進攻時不能獨立作戰，因而它跳躍時是抱緊狼的後部，一起跳躍。

就像舵一樣的操控狼的進攻方向。狼很聰明，很有策劃能力也很細心，它就是市場的後方平台，幫助做標書、網規、行政服務……。」

任正非認為，單純只提「狼文化」，也許會曲解了狼狽的合作精神。而且，任正非強調，不要一提到這種合作精神，就曲解為「要加班，拼大力，出苦命」。他認為那樣太笨，不聰明，又怎可與狼狽相比！

任正非的狼狽組織，和台灣人理解的「狼狽為奸」不同。「狼狽文化」講的是團結、智慧、不屈不撓！而且，對公司的貢獻及向心力的表現，絕對不是看「苦勞有多大」或看「加班有多長」。這點，和台灣企業重視家臣、重視加班等有著根本上的差異！任正非奉行的狼狽組織，其立足點是「集合智慧的達標」，看來更具技巧及競爭力！有關這點，很值得台灣人借鏡！

歪瓜裂棗：從戰略眼光上包容各種員工

歪瓜，是指長得不圓的西瓜；裂棗表面平滑但有裂痕的

大棗；歪瓜裂棗雖外表醜陋，但它們反而比正常的西瓜和棗子更甜。所以，任正非把華為公司裡的某些「歪才」、「怪才」比喻成「歪瓜裂棗」，意即那些績效不錯，但在某方面不遵從公司規章的人，尤其是一些技術專家，個性和習慣較特殊。他願意去包容這種不同。

任正非說：「公司要寬容『歪瓜裂棗』的奇思異想，以前一說歪瓜裂棗，就把『裂』寫成『劣』。但你們搞錯了，棗是裂的最甜，瓜是歪的最香，他們雖然不被看好，但我們要從「戰略眼光」上看好這些人。」

要如何合理評價這些人？要如何讓這些「歪瓜裂棗」發揮自身價值並獲得與其貢獻相符合的回報？華為《管理優化》中提出：「做為管理者，要在公司價值觀和導向的指引下，基於政策和制度實事求是地去評價一個人，而不能僵化的去執行公司的規章制度。」

而我認為，並非「歪瓜裂棗」就一定是好的！解讀任正非的意思，應該是想鼓勵企業內部不一樣的思路及做法，讓員工不會因為「不同的想法」而被壓制和處罰。在這種企業文化之下，員工勇於創新，只要做出成果，就能得到回報！

也因為企業不僵化、死板，讓員工不會有「不求有功，但求無過」的偏安心態，於是，企業自然能有更多的突破！

二兩大煙土：用即時回報來激發員工熱情

大陸所講的「煙土」，指的是未經熬制的「鴉片」。而給「2 兩大煙土」這種俗話其實很草莽直接，也就是馬上給拼命工作的員工「打雞血」，讓員工被好好激勵的意思！

早年的電影中經常出現這樣的場景：國民黨軍隊在衝鋒的時候，只要長官一喊，沖上去給二兩大煙土，當兵的立時就跟打了雞血一樣鬥志昂揚。如果喊給 2 兩大煙土，當兵的就是連命都不要了。

任正非在 2014 年人力資源工作彙報會上的演講中曾說過，跑到最前面的人，就要給他「2 兩大煙土」。意思是公司裡績效好、表現突出的員工，都應獲得良好、及時的回報（物質和非物質激勵）。

這種說法，既草莽又寫實，有別於台灣的老闆喜歡用「忠誠度喊話」來管理員工、用「願景」來抓住員工的心，華為

的做法是「有功勞立即重賞」，給予員工他們想要的東西當作激勵酬賞。也就是這麼「乾脆、敢給」，更加符合人性需求，更能抓住員工的向心力！

彰顯「承諾」，並以逆向思維表揚功臣

2013 年，華為的市場大會上，任正非頒發了一項特殊的表彰「從零起飛獎」給幾名重要幹部。

而這些獲獎的人員，2012 年年終獎金為「零」，這不是非常奇怪嗎？就是因為奇怪，才會被報導、被傳播，才能夠引起人們的注意及重視。

2012 年，這個獲獎的團隊經歷奮鬥，雖然取得重大突破，但結果並不如人意。於是，這些團隊的負責人就在這裡實踐當初「不達底線目標，團隊負責人零獎金」的承諾。

任正非在為他們頒發「從零起飛獎」後發表講話，他說：「我很興奮給他們頒發了從零起飛獎，因為他們五個人都是在做出重大貢獻後自願放棄年終獎的，他們的這種行為就是英雄。他們的英雄行為和我們剛才獲獎的那些人，再加上公

認 識 大 陸 的 新 一 代

司全體員工的努力，我們除了勝利，還有什麼路可走？」

在一般台灣人的認知裡，大陸人「說得多，做得少」，講話比較缺乏誠信上的堅持。而在我與大陸人多次互動的經驗中，確實也有這種感觸！但是，華為的從零起飛獎，彰顯出陸企高管們「重視承諾」，並以逆向思維表揚功臣的用心，這項創舉也凸顯了華為企業文化的不同！

成功經驗要複製、不要流失

任正非用喜瑪拉雅山的水流入亞馬遜河，比喻在互聯網時代，幹部是可以流動的！當一個地區的目標成功了，他會抽調幹部去另一個地區支援戰鬥，讓成功經驗得以在全球範圍內高效複製和推廣。

任正非說：「我們要推動隊伍迴圈流動，進一步使基層作戰隊伍的各種優秀人員在迴圈過程中，能夠流水不腐，形成整個公司各個層面都朝向一個勝利的目標，努力前進和奮鬥。」

這種態度，其實凸顯了在大陸必須要儲備的兩種能力：一是「移動力」；二是跳脫舒適圈的「適應能力」。若台灣

年輕一代持續喜歡「錢多、事少、離家近」的想法，是絕對無法在「大市場」發生的！大部分有企圖心的大陸上班族都非常願意走出去，擁抱不同，這是大陸有企圖心的年輕人力最具競爭優勢的特質！

班長的戰爭：決策方式扁平、運營高效

在內部刊物《華為人報》中提出：華為強調「讓聽得見炮聲的人來呼喚炮火」，就是要求「班長」在最前線發揮主導作用，讓最清楚市場形勢的人指揮，提高反應速度，抓住機會，取得成果。它要求上級對戰略方向正確把握，平台部門對一線組織做有效支援，班長們具有調度資源、及時決策的授權。

當然，戰爭的主角—優秀的「班長」和專家的選用培育、自身的主動成長也非常關鍵！「班長」們同樣要是精英中的精英。在企業中，領導人的判斷力及執行力，非常重要！

在野蠻生長的市場環境中，層級過多就會阻礙反應速度，員工很多的華為注意到了這點。華為的決策基礎，就是

標榜組織、層級簡潔（比如三層以內），決策方式扁平、藉此提供運營績效。

結網原理：吸收新知、歸納、與時俱進

任正非認為，要是只有一把絲線，那是無法捕到魚的，一定要將這絲線結成網，這種網，還有一個又一個的網點。而人生就是通過不斷地總結，形成一個一個的網點，進而編織成一個大網。

任正非說：「每個人要想進步，就要善於不斷歸納總結。如果沒有平時的歸納總結，結成這種思維的網，那就無法解決隨時出現的問題。不歸納，就不能前進，不前進就不能上台階。」

「人是一小步一小步前進的，過幾年當你回首總結時，你就會發現你前進了一大步。在善於歸納總結時，也要重視向別人學習，取長補短。別人對你提意見，批評你的缺點那是在幫助你，你拒絕別人的批評，就等於是放棄別人的幫助，那豈不是太吃虧？」

我認為任正非的結網原理，除了鼓勵員工不斷吸收新知，也要求大家願意接受批評，並且歸納出更與時俱進的做法！的確，想在資訊更新快速，思想跳躍的中國年輕世代生存，你確實需要充分獲得資訊，學習新做法。但是，我也不建議大家全面放棄原有的想法，應是融會貫通，結合經驗和新知，一舉攻下這個詭譎多變的大時代！

　　而面對已步入中年的我們，他也要我們對既有的經驗及知識保持自信，不應貶低其價值！反倒是，應要更積極地學習新知識、新方法，了解新一代的想法並與他們做溝通，接受多元價值存在的事實。

　　總之，歸納出一個又一個的網點，就有機會成為既成熟又抓緊時代變化的贏家！

　　任正非的「狼狽文化」講的是團結、智慧、不屈不撓！

　　擅用「有功勞立即重賞」，給予員工想要的東西當作激勵與酬賞。這種「乾脆、敢給」的作風更加符合人性需求，自然成功抓住員工的心！

想與90後看對眼，
徵人啟事也得「裱」一下

標新立異，口出驚人之語勢難避免，這不是耍裱，是要懂得跟上時代⋯⋯

　　在台灣的人力資源網站工作超過十幾年，工作上認識最多的對象，大概就是人力資源部門的人了（HR）。這讓我想起我在大陸，2013 年的面試經驗。

　　一開始，陸資 MBB 公司的張總監打長途電話給我，感覺他的聲音冷冷的。張總監先在電話裡問了品牌經營相關的種種問題，問東問西，長達一個半小時，我是專業人士，自然對答如流。

　　幾天後，他又打電話來，要求我，提出一份企劃書給該公司的 CEO 看。

　　在這裡我要先說明一下。在大陸，當企業要你提出企畫

書時，「不一定」是要給你職位，或是給你生意做！有時候，公司只是藉著這個理由，拿到他人的智慧財產。這點是不得不先提醒一下的。不過，關於這點，對方的誠意，求職者（或企劃人員）不一定能夠分辨出來。不過，因為當時也很想挑戰一下自己的面試實力，於是，就花了三天，我寫了四十張的投影片，用 e-mail 寄過去。

幸好對方並未誆騙我。在看完這四十張投影片後，對方付費買了一張機票，要我過去面試。後來，在與多位部門主管進行了長達七個多小時的馬拉松式面試，我被錄取了。

待錄取正式上班後，我才逐漸地從同事口中了解到這位三十五歲的人力資源總監，原來是個狠腳色！

他最經典的事蹟是，曾經親手資遣過該公司一千多名員工。大陸的勞基法其實是很保護員工的，且員工各個都懂得保障自身權利！因為 MBB 公司組織經歷多次調整，張總監代表公司利益，多次擔任「劊子手」，此舉雖非好事，但你不得不承認，沒有堅強的意志力及夠硬的心腸，可是不容易做好這個職位的！

不過，在嚴肅的外表及硬心腸下，我覺得，這位總監其

實也看到了時代趨勢，了解怎麼掌握互聯網時代趨勢，透過何種語言與年輕人溝通。

最近，透過共同的朋友得悉，張總監自行創業了，他拿到了一筆投資，開了一家互聯網人事網站。他在微信上放了一個考題，大舉招聘員工！而在我看過他親自撰寫的招聘內容後，也不得不甘拜下風，因為實在很另類，和他平日的撲克臉的形象大相逕庭。摘錄內容如下：

團隊現在已經有十三個人了，公司是五月份拿到的營業執照。

除了打雜的 CEO 年齡稍大之外，主力年齡分佈在 90 後，最小的是 96 年滴……當然是出生年……

截至目前，全部是外地人……公司是濃郁的互聯網＋文化……所以請了解：我們是一家純正、純潔、純粹的互聯網公司，不是尼瑪 ERP 公司……

我們要什麼樣的人？

現在還是缺有創業熱情的 java 開發、前端開發人員、運營人員、市場策劃人員、行銷推廣等等。你就別朝創業公

司要 JD（註解：工作説明）了，那是大公司才有的束束……

我們也歡迎實習生來參加暑期或者空餘時間實習，時間相對有保證即可。

黨員慎來，我們擔心你受不了那麼 open、民主、自由的環境和無所不談、無話不歡的創業氛圍……

對經驗、年齡、性別、地域都沒任何限制，帥哥美女、帥攻美受、衰哥黴驢都 ok。唯一要求是：若已經厭倦了職業經理人生活，厭倦了大公司那種嚴重的等級和壓抑氣氛，你有創業的熱情、創業熱情、創業熱情（重要的話説三遍），那就來找我們吧。

我們不喜歡太高大上的管理者，動輒就談中國夢……無論你是多黑的大牛，期望都是能上得廳堂能下得廚房……

我們不喜歡你充滿負能量，創業維艱，抱怨和藉口解決不了問題……

福利待遇：

創業不易，我們會給大家五險一金，主要是考慮有買房需求的同事們將來可以用公積金貸款……雖然是基本要求，但考慮到國情，我們認爲這是一項「你懂得」福利……

認 識 大 陸 的 新 一 代

待遇比一般的創業公司稍好。年底十三薪、加班免費晚餐。加入我們，不爲錢別來，純粹爲了錢也別來……

當然會有期權／股權，而且是大數目。我們期望等將來有所謂成功的那一天，至少留下來的前二十名同事，都能有所收穫，當然是指在物質回報上……

管理模式：

從創業之初起，公司就確立採用極致扁平化的管理架構。任何一部門，最多的架構層級就是 CEO ——部門管理者——員工，請了解：這是最多層級的管理架構……

公司採用合夥人制度，提供扁平化管理機制下的員工職業發展路徑。每個人都有可能成爲公司的合夥人……

大家來自五湖四海，沒有是非、沒有江湖……極致簡單的一家公司……心機婊愼來……

更簡單的方式：你可以隨時來拜訪我們，無需預約，我們端茶相迎。沒 ser 嘮嘮嗑也是極好滴……

Plus：所有候選人都由 CEO 面試。

風口和時代特徵：

現在就是個創業的年代，不解釋！

當年跟著馬雲的前台都成億萬富翁了，1999 年的中國互聯網一片空白，馬雲其實連個忽悠的參考物都沒，所以我認為他們大部分只是懵懵懂懂誤打誤撞地踏進了一個風口，而且帶頭人還算靠譜……

就醬……

這篇招募文看起來流里流氣的！難道就是開除過一千多個人，臉上老是沒表情的狠腳色寫的嗎？

沒錯！我查證過……正是他！用這麼草莽的方式招人，靠譜嗎？我覺得也不一定……但或許現在的 90 後、95 後大陸青年特別吃這一套！我至少看到了他的另一面，以及想要跟上時代的心。

且讓我們拭目以待…（張總監，加油喔！謝謝您當初錄取我……）

敢去大陸上班嗎？

作　　　者──邱文仁

封面設計──徐思文

主　　編──林憶純

責任編輯──林謹瓊

內頁插畫──邱文仁、初見寧

行銷企劃──塗幸儀

董 事 長
總 經 理 ──趙政岷

第五編輯部總監──梁芳春

出 版 者──時報文化出版企業股份有限公司

　　　　　10803台北市和平西路三段240號七樓

　　　　　發行專線／（02）2306-6842

　　　　　讀者服務專線／0800-231-705、（02）2304-7103

　　　　　讀者服務傳真／（02）2304-6858

　　　　　郵撥／1934-4724時報文化出版公司

　　　　　信箱／台北郵政79～99信箱

時報悅讀網──www.readingtimes.com.tw

電子郵件信箱──ctliving@readingtimes.com.tw

法律顧問──理律法律事務所 陳長文律師、李念祖律師

印　　　刷──勁達印刷有限公司

初版一刷──2015年12月

定　　　價──新台幣280元

國家圖書館出版品預行編目資料

敢去大陸上班嗎？ / 邱文仁作. -- 初版. -- 臺北市：時報文化, 2015.12

　　240面 ; 14.8×21公分. -- (觀成長 ; 6)

ISBN 978-957-13-6475-9(平裝)

1.職場成功法

494.35　　　　　　　　　　　　　　　　104025003

ISBN 978-957-13-6475-9

Printed in Taiwan